低醣飲食指南

減醣健身433飲食法

鄭慶雯老師與減醣健身教育團隊

著

作者序

鄭慶愛

版主 / 鄭姐

這一路走來的控醣飲食，我竟然已走了 8 年之久，這等堅持若非親身體驗過瘦身和亞健康改善的美好，如何能夠排除異樣的眼光持續地走下去呢！

過去錯亂、任性、無節制的隨興飲食，與不正常的生活作息，身體的崩潰就在那幾年之間兵敗如山倒，一切起源於太不愛惜自己，生活飲食太不自律了。

如果我們夠吃食有節，凡事都有一個節制跟自律所在，身體隨時來得及踩煞車不暴衝，我們和肥胖、疾病是難連結的。

本書撰述的章節，有 2 個重點：

1. 強調減醣天空下，蛋白質食材為主食攝取定位，配置所謂「減醣 433 餐盤飲食法」，讓優質蛋白做為飽腹感的領頭羊，輔以等佔比的青蔬，和酌量碳水之優質澱粉配置，最重點讓減醣飲食密不可分地融入運動，達陣瘦身、增肌減脂的最大利益。

2. 十字花科低碳蔬菜翹楚【神奇的花椰菜】，做為低碳料理極勝任，是詮釋各式減醣料理的完勝食材。我們集合 FB 社團【低醣生酮加油讚】多位姐妹們，聯名創作許多花椰菜食譜，即是應證原型食材融入減醣飲食生活非難事，簡單明瞭，每道菜做上一輪吃，都可以瘦了。

• • •

控醣 8 年的減醣飲食實踐功夫，在 50 歲時遇見更美麗的自己，

終結 30 年的藥罐子胖女人，悠遊減醣路上與您分享～

營養師 / 陳琪菘

周代將醫師分為疾醫、食醫、瘍醫與獸醫等四大類，各司其職，各有所長，而食醫不僅負責君王的飲食調配，同時掌管珍饈百味、椰液萄漿，以順應四氣、調和五味，平衡五臟六腑之陰陽虛實，求天人合一，以召和氣，不生災害，安養百體，怡神養壽，以盡天年。

看著別人家中一盤又一盤的美味佳餚，更想讓家人能有同樣的餐桌美味，但工商社會中，人人為生活而忙碌，根本沒多餘時間去研習各式的烹調法；可口美味的食物，往往就由餐廳的大廚，取而代之，但過多的調味與烹煮，使得食物的原本味道與營養流失，吃進的只有人工添加的香味。

由於飲食不正確，觀念錯誤，造成許多肥胖的問題，本書各食譜，均以減醣低碳的方式呈現，是施行 433 減重與 168 飲食控制的得力助手，簡單易行的烹飪方法，隨手可得的食材，讓初學者即可輕鬆上手；書中各食譜與食材不僅可以協助減重，同時是家庭烹飪的好幫手，讓煮菜不再是一項艱鉅的工程，輕鬆愉快，獲得養身保健，最佳參考用書。

所謂家裡的食醫，除了要照顧家人的腸胃，更要迎合每個人的喜好，但現代人忙碌的生活，已沒多餘時間去思考與摸索；速食文化的侵襲，早使人們忘了四氣五味、升降浮沉；為使家人安康，四大無恙，六體輕安，不僅磨練掌廚者的智慧與反應，同時也考驗其調和鼎鼐的功夫，此書搜集多種食材，搭配各式烹調方法，符合中醫理論基礎，考慮食物特性，滿足各類體質所需，更是養脾保胃標杆。

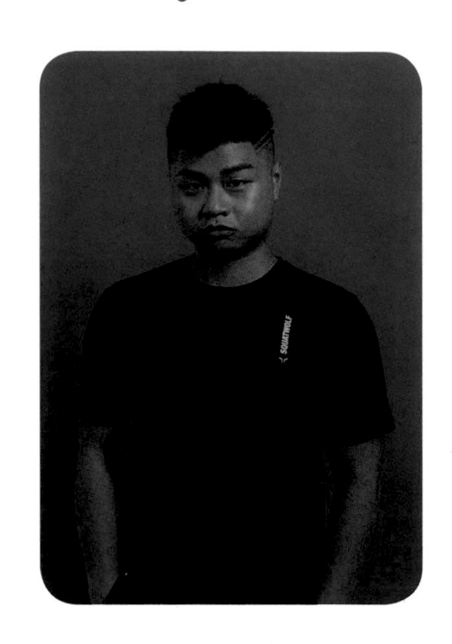

NSCA 專業教練 / 黃子豪

國立臺北護理健康大學運動保健系畢業，畢業後即考取 NSCA-CPT 證照（美國國家肌力與體能協會 - 私人教練證照），並且與同學舉辦「環島體適能慈善推廣」，由台北出發至全台各縣市單位進行體適能教學。

服務將近 800 多位民眾，其中不乏社區、偏鄉校隊、安養單位等等，在活動期間意識到體適能對各地區的需求，因此回台北後致力於推廣簡易體適能知識，讓無論是高齡族群、或是普通家庭都能透過自主或是被引導的方式，開始進行簡易的運動訓練或是保養身體。

希望能拋磚引玉，喚起專業人士一起共襄盛舉，推動體適能、創造健康。讓運動不單單只是在「健身房」，而是在生活中的每一個時刻。

"If You Have A Body, You're An Athlete"

-Nike 創辦人 BILL BOWERMAN

➡ **你理想的生活是如何？**

➡ **我可以怎麼幫助你？**

➡ **達成之後你想做什麼？**

我是一名健身教練，專長是 1 對 1 的訓練，這是我在上第一堂課前一定會問學生的問題。

「天啊，你好機車喔！」、「你好跩」這大概會是你看到我的第一印象，但請聽我慢慢說。

從頭開始

身為一名教練，我的專長是讓人瞭解自己的身體，藉由訓練身體回饋到生活上，讓生活水準、目標、品質得以改善。這就是我，接下來請接受我誠摯的邀請，離開減重的迴圈、邁入更輕盈的生活。

最強減重心法

瘦就要瘦得舒服、瘦得理所當然，不然寧可不要！急速減重所帶來的風險除了有復胖、抵抗力變差甚至還有可能影響到生活方面。所以安排能「瘦」的生活才是必勝之道！一天 24 小時 86400 秒，你能掌握多少？

正在減重的人必須瞭解，減肥是透過身體的代謝機制燃燒體內脂肪，達到瘦身效果。這裡不會跟你探討太多關於胰島素、斷食法如何運作等等，因為「減重」不需要知識，而是需要一個可以實際操作的「方法」。

就算你知道 100 種減重知識，那又如何？會不會因為知道了太多，反而更難操作？我們必須回歸到實際的「生活」，讓你「當下」也就是現在開始看書的你，進入「減重生活」，而這種生活是需要學習的（好比說斷食法的嘗試、飲食習慣跟份量等等），並非一蹴可幾。藉由多方的嘗試再讓自己習慣這種生活，然後加入你想加入的目標，「減重」自然就簡單。

吃食

首先！打開你的冰箱，挑選健康而且「你喜歡」的食材。

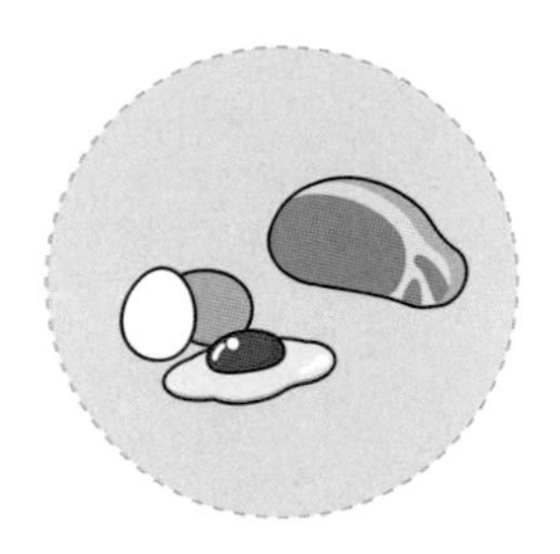

蛋白質：好的蛋白質幫助肌肉修復、維持飽足感。

高量的營養成分還有大分子的體積，能填滿胃部空間，讓你吃得少又吃得飽！

脂肪：與蛋白質、碳水化合物共稱為三大營養素，可見其對人體之必要性。

脂肪除了是構成身體細胞的主要成分外，還能夠保護內臟，更重要的是它也是維生素 A、D、E 的重要來源，同時供應身體能量的重要元素！

碳水化合物：分為「精緻」、「非精緻」。

精緻碳水化合物一般都是經過加工，較無營養成分，攝取此類營養會被人體快速吸收，血糖升降速度較快，容易產生飢餓感。如麵包、麵條、蛋糕等。

非精緻碳水化合物則是擁有纖維及其他營養素，有較高的營養價值，是優良的碳水化合物。像是蔬菜、水果、豆類植物或全穀物等。

生活

瞭解吃食以後，可以拿個小筆記本條列式寫下一天裡自己做的所有事情，有哪些是不必要的，「汰舊換新」重新建立一個良好的生活模式、習慣。

例如：熬夜、飲料等等常會不經意的出現在我們周圍，你可以提早做完工作、改喝無糖茶或水。這樣你也可以更加地接近自己理想的生活唷！

◆ 運動跟減重的關係

無論你嘗試過什麼運動，運動最重要的目的其實就是「保養」，而減肥或體態都是附加價值，現在就讓我們來聊聊什麼叫做「運動」。

◆ 運動是什麼

運動廣義來說我們分為兩種，有氧跟無氧運動，我們用簡單的幾個運動來做方式的劃分。例如：跑步或是走路此類喘氣、費力的通常為有氧運動，而肌力訓練則通常是無氧運動；兩者的差異是建立在人體使用能量的方式還有換氣量。

進行有氧運動的運動建議是「在有氧運動時維持悠長呼吸、安排好節奏」，維持呼吸、運動節奏是有氧運動的關鍵。減重者進行有氧運動需進行 20 分鐘甚至 40 分鐘以上效果較佳，因為有氧運動前 20 ～ 40 分鐘會以體內的碳水化合物進行能量消耗，之後才會轉移到消耗脂肪的模式。為了不做白工，「請掌握好運動節奏」，讓運動事半功倍！

至於無氧運動，例如：肌力訓練的運動建議則是以 1-10 分的準則進行運動評估。我一般都會詢問學生：「這個重量你可以做幾下，做完幾分疲勞？」自體的感受會比他人的判斷還要準確，隨時給予教練、或是自己回饋：「我還可以嗎？」、「可以，那再一下」、「不行，好先休息」，不用對自己苛刻，挑戰不等於苛刻！所以運動的每一下都要認真地感受肌肉的狀況，這樣才是有效率、有強度的訓練！

瞭解身體的奧秘

若是把人體當成一個總結構來看的話，我們可以先把身體分成上下半身。從骨盆分一半，上半身具有腹部、胸部、背部、手臂；下半身則是臀部、腿部。

以體適能的觀點來說，胸肌是上肢肌肉，能幫助我們推動任何沉重的東西、以及撐起身體。背肌則是幫助支撐我們的脊椎，強壯的背肌可以保護我們的脊椎，把身形拉起更加挺拔。手臂肌肉則是幫助力量連結傳導的肌肉群，讓各肌肉能透過手臂來發力。腹部肌肉位於上下半身連接處，所以腹肌連同骨盆帶肌肉群，亦被成為「核心」也是最重要的部分，透過核心的訓練能使整個身體結構更加穩定，改善姿態、不易受傷。臀部肌肉我們可以把它想成是一個平台，承擔上肢重量，以及全身肌肉的軸心位置，讓下肢的各項動作維持穩定，同時臀肌也是相當有力量且具功能性的肌肉群。腿部肌肉是人體最大的肌肉群，強壯的腿肌能夠幫助我們進行遠端的末梢代謝，可以藉由訓練達到更多刺激下半身血液循環的效果。

這是全身大肌肉群協調下的工作分配，「物盡其用」就要把它們擺在正確的地方發力，這樣就能減少不舒服的狀況產生了喔！

◆ 強度認知

肌肉在經過訓練後，能使身體更強壯，游刃有餘地應付日常生活。然而若是日常生活因為肌力不足而開始產生問題，其實就是一個警訊：「我們該運動了！」有時候肌力會連帶影響體態觀感，所以藉由一點點的阻力訓練搭配日常生活，身體會活躍得很快。其實「運動真的可以很輕鬆」，阻力訓練並不困難，當我們理解「運動強度」以後，運動就會變得非常輕鬆。因為我們每個人設定的目標並不一樣，自己設定自己的目標、停損點，如此恐懼將不復存在。

那強度的部分我們該如何著手呢？
可以自己設置 1 ～ 10 分的疲勞度。
1 ～ 3 → 輕度疲勞
4 ～ 7 → 中度疲勞
8 ～ 10 → 高強度重度疲勞

這 10 分的疲勞程度建立在自己的感覺上，客觀的為自己設立標準判斷才會準確，如果真的累了就休息，因為要建立好習慣是需要時間的，無論如何「累了就休息」就對了！

如何開始運動？

以上介紹之肌肉皆為大肌肉群，多關節運動的運動效果，良好的搭配可以增加訓練效率。

以初學者而言，在剛開始面對到健身房的時候都會不習慣，我們可以先利用一旁的有氧機器：「跑步機、腳踏車」來讓自己漸漸習慣流汗、喘氣的感覺。接著再慢慢開始嘗試器械式器材，也許你的運動基因就會因此被打開。

若是剛開始的人，我會建議一週先進行 1 ～ 2 次的健身房活動（有氧無氧皆可），有流汗即可，持續了一個月再開始設立目標，等到你開始慢慢有了改變，自然會進行更進一步的訓練。因此若是一開始就把目標設定的太遠，很有可能會導致反效果喔！

阻力訓練的迷思：「教練，我這樣做有沒有錯？」或是「教練，我要怎麼樣才會有效果？」我在教課的時候常常會聽到這些問題。

隨著網路時代的興起，人們對於運動資訊的取得越來越便利，這其實不是一件壞事，但最重要的是這些東西能不能實踐在運動中，還是只停留在「對錯、效率」這個盲點裡？任何的事物都是熟能生巧跟學習的，如果重視自己的身體、健康，就不應該抱持著「除錯」的想法。大膽嘗試同時向專業人士學習，直來直往的方向會比迂迴來的更有效果！

想要有良好的健康、體態，那就要為自己的身體負責，選擇每一餐、專心每一次的訓練、學習，很快就會達成目標的。

肌肥大課表

以下建議大家最普遍執行的肌肥大課表，都是利用上個章節提到的肌肉群來做訓練安排，大肌群的訓練有效率、也更能幫助身體快速學習！

假如一週練三次，週日、週三、週五。

週日可以訓練胸肌搭配臀腿肌肉。

週三從背肌著手，搭配腿部深蹲動作輔以手臂小肌肉群訓練。

週五因為大肌肉群都已經在這週訓練完畢，可以主要安排有氧運動加上核心訓練、及最主要的手臂動作訓練。

初學者	一個部位安排 3~4 個動作 **4 組，1 組 12 下**
有經驗者	一個部位安排 3~4 個動作 **6 組，1 組 8 下**
能自主訓練者	一個部位安排 4~5 個動作 **6 組，1 組 6 下以上**

◆ 重量的選擇

首先我們要理解到，每個進行阻力訓練的人目的都不同，所以重量也會因此而有所差異。對一般進行阻力訓練的人而言，重量只是一種訓練的變因，並不是重量愈重就愈有效果。

過度地追求力量，我們很可能忽略動作的完整性，反而沒有辦法獲得良好的肌肉刺激。

當肌肉經過完整的收縮刺激後，所釋放的訊號比起只有收縮到一半的要來的更多，追求重量可以是一種訓練肌力的手段，但前提是…你的肌肉是否足夠強壯？強壯到能夠負荷你現在執行的這一組或這一下的訓練？

其實對一般人來說，沒有推到「重量」也不會怎麼樣，剛開始進行訓練不需要太多的要求跟數據，如果在剛開始就開始限制自己「應該」要做到怎麼樣，然而達不到期望後的失落，反而會讓自己越來越沒自信。

重點提要

力量只是一個變因，不代表訓練的結果。
肌力訓練的重點不是做得重，而是做得好。
讓身體習慣運動，先熟悉動作再熟悉重量，總有一天，你也能扛起全世界。

◆ 教練小叮嚀

減重、瘦身是一條不歸路，我幾乎不會告訴學生說：「我能幫你減重，讓你一週體脂下降多少多少」。而是鼓勵他們找到新的模式、心態來面對自己的生活，這才是最重要的！重新建立一個「好」習慣比整天唉聲嘆氣有用的多了。

當我們開始抱持著減重的心態進行計畫時，其實就是變相的對自己的身體進行「批判」，這樣的批判其實是一種負面成長。減重跟有氧運動一樣需要「長時間的維持」，你想想看當你跑馬拉松的時候，有人在你旁邊說：「你怎麼跑那麼慢、爛！」你跑得下去嗎？

這不是精神勝利法，而是當我們能誠實地面對現在對自己不滿意的狀況，然後認可「對，我現在就是這樣」才有可能真正地改變。

如果一個超重到必須要減重的「沙發馬鈴薯」，你跟他説：「欸，你很胖欸！」他可能會回你：「我就胖。」但如果你把他的飲食改成有營養且豐富的餐盤的話，過不了多久他體重一定降。為什麼？因為他已經很久沒有吃讓他變成「沙發馬鈴薯」的食物，這樣他一定會離「沙發馬鈴薯」越來越遠，不是嗎？

同時你請他帶家裡的狗出去遛遛，也是一種運動，不是嗎？

他也許胖到會在意別人的眼光，那至少在他身邊的你，是可以接受的，當你讓他知道以後，他也不會再害怕出門了，不是嗎？

我們期望改變自己或別人的同時，其實最後都要回歸到自己對於一件事情的看法到底是什麼。

祝福大家，吃好！睡好！練好！然後變更好！

減醣健身 433 - 源起

減醣健身 433 飲食法是來自於社團以及千人群組的引領經驗值而創立的飲食法，根據帶群組的經驗，引導有計劃性的實施步驟。在減醣 433 飲食法結構中，融入運動健身族群的飲食配置，如何在我們運動的同時，更有力道地展現肌肉的力量，達陣身體的鍛煉。

因為**將蛋白質在餐盤中佔比拉到最高的** 40%，發現群組成員在運動時肌肉力量的使用，還有在瘦身及體型的雕塑上，都有明顯的肌力增強和體雕效果，印證減醣吃蛋白質在運動和瘦身的貢獻有其定位。目前的醫療體制都有建議每人每日蛋白質的攝取量，尤其是老人家的肌少症問題，更鼓勵蛋白質營養攝取足夠。所以在減醣天空下吃好蛋白質此事，在年輕時期就要有累進的觀念，打好底子，配合運動，老來才是強健身體。

強化肌力，預防肌少症是重要課題，但在減重瘦身，減醣 433 飲食法在蛋白質和碳水攝取的比例上，讓瘦身體控達到最好效益，尤其是再融入健身運動，完全是增肌減脂的火力全開，達陣健康瘦身、體雕、塑型的結果。

減醣健身 433 - 主旨

一、三大類營養素中，以蛋白質為主食概念，佔比 40%；碳水化合物和油脂各佔 30%。

這是一個熱量重整的配置，跟我們過去以碳水澱粉主食的 50% 佔比以上，是完全不同的飲食結構。蛋白質就是主食的概念，目的為平穩血糖，也因應胃的消化力延長，能增加飽足感時間，所以減醣吃蛋白質就是減醣 433 飲食法最重要的一個主旨。

實行減醣 433 飲食法，其實可以達到一個非常好的效果，就是不容易餓，即便到下一餐來到的時候，都還無強烈餓感。在減肥的過程當中，最怕的就是會失心瘋地想抓食物來吃的欲望不停歇。

※ 減醣 433 餐盤比例圖示

二、在減醣 433 餐盤中將配置一分二，青蔬佔餐盤的一半比例，另一半比例全留給蛋白質＋油脂＋碳水澱粉。

▲蛋白質：

為平常所吃到的牛、羊、豬、雞、蛋、豆、奶，在餐盤的佔比上為 40%。

▲油脂：

和肉魚的蛋白質屬整體的原型油脂；另外還有炒菜的蔬菜油，尤其要選擇來自種子果實油脂的冷壓油。

▲碳水化合物的優質澱粉：

以根塊莖、粗糧主，盡量選擇地瓜、山藥、蓮藕、南瓜、洋蔥等根塊莖澱粉。粗糧以未精製的雜糧為佳，如糙米、黑米，這些也都算是中 GI 食材。

以上蛋白質、碳水化合物、脂肪是屬於主要的熱量來源，相異過去我們都是以 50%高碳水份量為主食來源。

三、減醣 433 餐盤中，蔬菜的佔比為一半，屬青蔬吃到飽的一個概念。

青蔬的營養包含多樣維生素和礦物質，更是平衡身體最大貢獻。

減醣健身 433 的受眾

減醣健身 433 飲食法的受眾：

適合的人比不適合的人是更多的，因為這是以高蛋白為主食的飲食法。

不適合的族群，身體有肝腎問題，或是尿酸值偏高者，這些族群要先排除。

適合減醣 433 飲食法的族群，能實施減醣 433 飲食法的人

▶ 第一族群—欲瘦身減重、體重控制者

減醣 433 飲食法配合運動，有助增肌減脂，在 15 天之內就可以達陣立竿見影的體雕效果。所以實施減重時，最重要的原則，就是要減糖。

▶ 第二族群—血糖值偏高者

對需要控糖者，有助平穩血糖。

▶ 第三個族群—運動健身者

運動健身者是特別需要把蛋白質給吃足夠的族群，因在增肌上的貢獻，可以在運動中展現發揮肌力使用。

▶ 第四個族群—更年期婦女及要步入中老年人的族群

為什麼年紀越大越需要高蛋白補充？

目前醫學界會要求老年人攝取足夠蛋白質，才不致肌肉流失的速度太快，演變成“肌少症”，導致重心不穩而容易跌倒，造成老年生活品質不佳、不利健康。

減醣健身 433 的瘦身重點

一、以減醣 433 餐盤＋168 輕斷食時間序

旨在創造熱量赤字產生時，身體能有效利用肝醣來做為能量支撐。

二、先以第一餐的油脂＋蛋白質，無澱粉為要

維持血糖平穩，自然延緩飢餓感。

三、有進就要有順暢的出去

如果出去大過於我們進來的，這個人要瘦很簡單；反之，如果腸排毒不夠順暢的話，那瘦身會有障礙。所以，排便的狀況一定要正常，才能有助於減重或體控，甚至亞健康都能改善。而這個部分我常常講，叫做腸排毒要爭氣。

每天循序漸進的推動，不斷地都要有出清存貨的動力，感覺到自己最明顯、瘦到最有感的地方就是小腹。為什麼呢？

當一肚子的大便，一直不斷排出的時候，就會很明顯的感受到腰腹臀這些部位，慢慢縮小的一個狀態。所以瘦身要有感，除了要不易餓也要覺得身體開始在慢慢改變，褲頭漸鬆。別人看你，似乎覺得有腰線出來，這才是真正的走向瘦身的啟動。

四、水分攝取的部份，記得一定要足夠

尤其在減重時期需要有礦物質元素，才能夠維持身體電解質的平衡。切記！水分不足減重不容易，這是很重要的。專家說，每天攝取超過 1.5 公升以上的水分，一年能燃燒 17400 大卡熱量，約一年掉 2.5 公斤體重。

每天該喝多少水？
「飲水黃金公式」讓你秒懂不水腫

想要知道一日飲水量，得將體重以公斤計算，30 歲前將體重乘以 35 ～ 40；30 ～ 54 歲則乘以 30 ～ 35；55 ～ 64 歲則乘以 30；至於 65 歲以上則乘以 25。

倘若你是常常鍛鍊的人，當然需要喝更多的水以補充透過汗水排出的水分。

人體水分攝取黃金公式：

年齡	水量 (ml)
30 歲以下	體重（kg）× 35 ～ 40
31 歲～ 54 歲	體重（kg）× 30 ～ 35
55 歲～ 64 歲	體重（kg）× 30
65 歲以上	體重（kg）× 25

備註：若是常常鍛鍊的人，視情況攝取更多水分，以補充透過汗水排出的水分。
建議：體重乘以 30 再加上 1000c.c.，也是可以接受的每日攝取水量。

鄭姐小叮嚀：

※ 純白水是最究竟的清潔劑概念，淨化代謝得靠它，水不夠，很難瘦！

※ 多喝水没事，沒事兒多喝水

※ 飢餓感＝肝醣持續燃燒中

※ 此時多喝水更有助身體新陳代謝加速 30%

減醣健身 433 的進食順序

減重瘦身關鍵開關在於進食順序，就從第一口進食蛋白質先啟動
減醣 433 餐盤，先吃蛋白質

「一天如果沒有吃到基礎代謝率所需的熱量，減掉的就會是肌肉而非脂肪。」我們根據身體狀況，以自身基礎代謝率為準，也就是當我們躺著不做事情時，器官運作所需的最基本消耗熱量。

三餐中將食物營養吃夠，以減醣 433 飲食法做為配置，除了要吃進足夠的熱量外，進食的順序先從蛋白質開始吃，其次是蔬菜，最後才是澱粉。

至於為何是蛋白質優先？

一、平穩血糖

蛋白質先吃有助平穩血糖值，而這與我們的胰島素分泌大有關係，第一口吃蛋白質能減緩胰臟的胰島素分泌，避免血糖快速上升。

二、飽足感

根據胃的消化力「消化慢的先吃，消化快的後吃」。蛋白質的消化時間約需 4 ～ 5 小時，具備延緩饑餓感的貢獻，同時有助增加瘦體素（Leptin）濃度，相較於碳水化合物更有飽足感。

三、啟動消化酵素

進食先從蛋白質吃起，可啟動體內分解蛋白質的消化酵素，胰臟就會開始分泌「升糖素」，抑制胰島素分泌，還有助於分解脂肪。

《減醣 433 餐盤吃食順序》

☞ 第一口蛋白質（包含油脂）

☞ 第二口蔬菜

☞ 蛋白質 → 蔬菜 → 蛋白質 → 蔬菜

☞ 最後再吃根莖粗糧優質澱粉

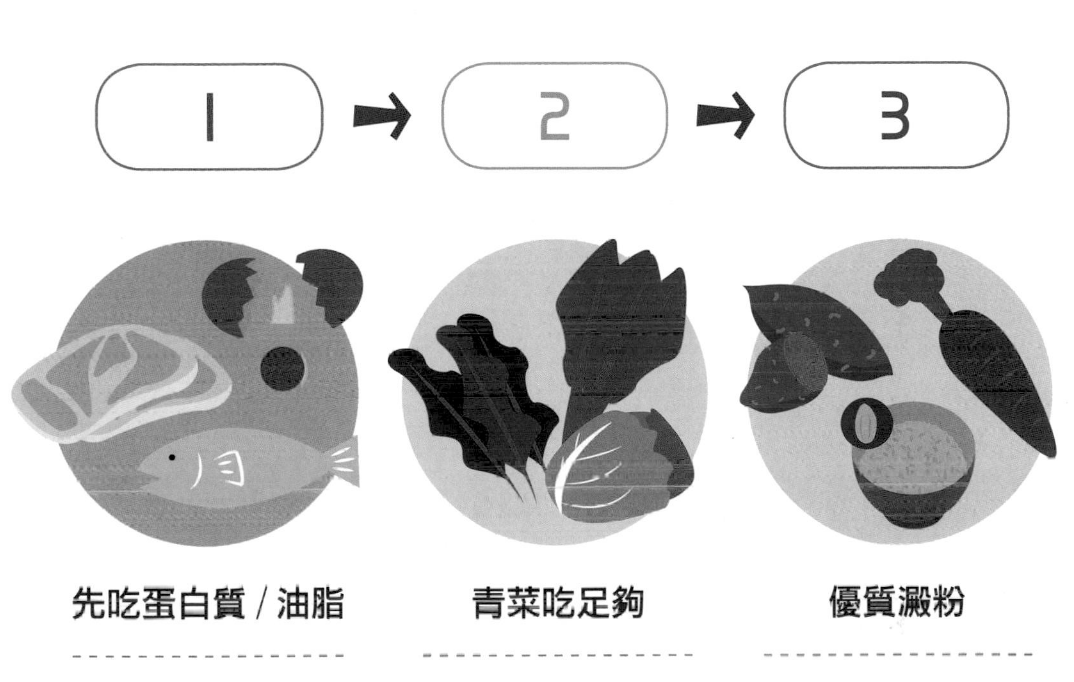

先吃蛋白質 / 油脂

飽足感領頭羊 - 消化力關係

青菜吃足夠

淨化身體

優質澱粉

有助果寡糖、膳食纖維製造腸道益菌環境

運動之於減醣吃蛋白質的重要性

瘦身到一段時期，該為自己做最重點的事，就是要好好的運動鍛練結實肌肉。

若缺乏運動，肌肉長期不鍛練，會慢慢萎縮；肌肉一旦萎縮，脂肪容易跑到肌肉的間隙。藉由運動增加體內肌肉的比例，脂肪便不易囤積，才能夠練就「不易胖體質」，而且體雕效果很美，看起來會比同樣體重的人，要更精瘦許多。

減醣吃蛋白質，終究是反饋在身體利用熱量的展現上，因為蛋白質有助於延緩飢餓感，更適合搭配輕斷食的操作，要有效利用吃進的蛋白質達增肌減脂效果，運動的功夫真的是關鍵喔！

看起來比實際公斤數還要少 3 ～ 5 公斤的說法，**尤其是下半身腰腹臀的日益減吋，來自於減醣吃蛋白質及運動增肌減脂的效果。**

尤其在冷涼的冬日，總是覺得不容易瘦身嗎？

其實只要吃足夠基礎代謝率，反而有助瘦身喔！這時候別怕吃多，要擔心的是你運動了沒有？運動能夠提升脾胃轉化，流些汗助除濕利水，有助身體各項營養素吸收，才不腫胖，更好跨越停滯期。

有效減重的運動法則

◆《533》概念

- ☑ 每週至少運動 5 次
- ☑ 每次至少運動 30 分鐘
- ☑ 每次運動後心率達每分鐘 130 次

運動多少才夠？→ 每週 150 分鐘

過去每週 3 次、每次 30 分鐘、心跳達每分鐘 130 次的「333 運動法則」，對老是坐著不動的人還是不夠。世界衛生組織建議提升為「533」，頻率每週 5 次或每週 150 分鐘以上的運動量；兒童及青少年每天至少 60 分鐘或每週 420 分鐘以上。

《減醣外食準則提要》

- 外食之麻辣湯底、滷汁料理：最好過油，過滷汁
- 能清湯少羹湯
- 少勾芡料理，少麵衣炸物
- 第一口肉魚蛋豆好
- 青蔬吃到飽
- 最後留點肚子澱粉好

輕鬆點外食，心情好很重要

CONTENTS
目錄

PART 1
主食

PART 2
創意料理

PART 3
湯粥

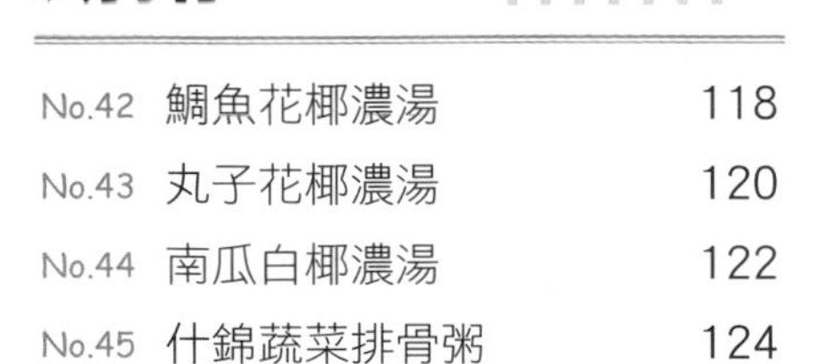

PART 4
烘焙、飲品

PART 1

主食

泰式打拋豬偽炒飯

醐學 / 宋曉萱　份量 / 1 人份

< 所需食材 >

白花椰菜 ...300g
豬肉（五花絞肉）...150g
冷凍羽衣甘藍菜 ...50g
辣椒 ...3 條
洋蔥 ...50g
蒜頭 ...5 瓣
蕃茄（樹蕃茄、小蕃茄）...50g
九層塔 ...20g
檸檬 ... 半顆

< 調味料 >

橄欖油 ...1 小匙
魚露 ...1 大匙
無糖醬油 ...1 大匙
椰糖 ...10g
紫蘇油 ... 少許

< 準備作業 >

❶ 白花椰菜洗淨切碎成花椰菜米。
❷ 辣椒切斜片（不想太辣可以去籽）、洋蔥切丁、蒜頭切末。
❸ 蕃茄切半。
❹ 九層塔取葉子部分。
❺ 檸檬榨汁。

< 作法 >

❶ 花椰菜米放入電鍋，外鍋 1 杯水蒸熟。
❷ 備鍋加入橄欖油，中小火，加入辣椒片、洋蔥丁、蒜末，炒至飄香。
❸ 放入豬肉炒熟，再加入羽衣甘藍菜拌勻，加入魚露、無糖醬油、椰糖調味。
❹ 加入調味料後讓絞肉吸收湯汁收乾，放入蒸熟的白花椰米一起拌炒，可以再放些無糖醬油調色，會較美觀。
❺ 下蕃茄拌炒 30 秒，再加入九層塔拌炒 10 秒熄火。
❻ 淋上檸檬汁、紫蘇油拌炒均勻即完成。

Check!

鄭姐食話說

酸辣泰式打拋豬肉向來就是下飯菜，想增胖的就常吃這道菜吧！
曉萱姐妹肯定是聽到減醣者心聲了是吧！
以花椰菜做飯底，置入打拋味兒的靈魂調味，我想我可以扒 2 碗都沒在怕呀！

白花椰豬肉焗烤飯

酮學 / **社團酮學**　份量 / **1 人份**

< 所需食材 >

白花椰菜 ...200g
藜麥 ...20g
小米 ...30g
薑 ...10g
五花肉片 ...100g
蘑菇 ...4 朵
紅蘿蔔 ...1/3 根
洋蔥 ...1/5 顆
乳酪絲 ... 適量

< 調味料 >

奶油 ...30g
醃肉醬：
無糖醬油 ...1.5 大匙
椰糖 ... 少許
水 ...100g
蓮藕粉 ...1 大匙（約 15g）
白胡椒 ... 適量

< 準備作業 >

❶ 白花椰菜洗淨切碎成花椰菜米。
❷ 藜麥、小米泡水至膨脹倒掉水，和花椰菜放入電鍋，外鍋 1 杯水煮熟。
❸ 薑切末。
❹ 醃肉醬汁調勻備用，五花肉片加入醃肉醬醃 15 分鐘。
❺ 蘑菇切片，紅蘿蔔、洋蔥去皮切絲。

< 作法 >

❶ 備鍋加入奶油、蘑菇片、紅蘿蔔絲、洋蔥絲炒熟，起鍋備用。
❷ 準備一個焗烤盤容器倒入藜麥、小米、花椰菜，鋪上醃好的肉片，淋上剩餘醃肉醬汁，再加入炒熟的蘑菇、紅蘿蔔絲、洋蔥絲鋪均勻。
❸ 放入電鍋，外鍋半杯水，電鍋跳起後燜 10 分鐘再取出。
❹ 鋪上乳酪絲，放入烤箱上下火 200℃ 烤 10 分鐘，如家中烤箱無法設定溫度，可以用肉眼判斷，上色即可出爐。

Check!

鄭姐食話說

焗烤餐向來最不敗，老少都嘛愛，我也好愛呀！社團酮學的油飽焗烤飯，肯定油飽好滿足！
因為以五花肉伺候，這太適合當 168 斷食餐了，一天就這一餐飽飽飽。

No.03

偽壽司

酮學 / 鍾佳吟　份量 / 1 人份

< 所需食材 >

白花椰菜 ...250g
燕麥麩皮 ...30g
紅蘿蔔 ...30g
蘆筍 ... 數條
雞蛋 ...1 顆
豆包 ...1 片
生酮肉鬆 ... 適量
壽司海苔 ...1 片

< 調味料 >

橄欖油 ...1 小匙
玫瑰鹽 ... 適量
蘋果醋 ...1 小匙
紫蘇油 ...1 小匙

< 準備作業 >

1. 白花椰菜洗淨切碎成花椰菜米。
2. 花椰菜米和燕麥麩皮混合後放入電鍋，外鍋 1 杯水蒸熟成花椰燕麥麩皮飯。
3. 紅蘿蔔去皮切條，同蘆筍燙熟起鍋放涼。
4. 雞蛋打勻。

< 作法 >

1. 花椰燕麥麩皮飯蒸熟後放涼，加入玫瑰鹽、蘋果醋、紫蘇油拌勻。
2. 備鍋加入橄欖油，煎薄蛋皮，起鍋放涼切絲狀。
3. 不洗鍋，續煎豆包，煎至表面金黃，起鍋放涼切條狀。
4. 準備壽司簾，放海苔片，鋪上花椰燕麥麩皮飯，依序擺上紅蘿蔔條、蘆筍、蛋絲、豆包條、生酮肉鬆再捲起。
5. 壽司內的料，可以依照喜好做改變，也可以包入煎好的松阪豬肉等。

Check!

鄭姐食話說

佳吟姐妹出手，嚇到吃手手，原來會做菜又還能吃瘦 30 公斤！
這道偽壽司，想瘦的自己看著辦嘿，咬下完全就是壽司來滴！

No.04

偽油飯

酮學 / 鍾佳吟　份量 / 1 人份

< 所需食材 >

白花椰菜 ...270g
藜麥 ...40g
燕麥麩皮 ...50g
五花肉 ...70g
乾香菇 ...3 ～ 4 朵
小蝦米 ...1 匙
油蔥 ... 適量
香菜 ... 適量

< 調味料 >

椰子油 ...1 小匙
無糖醬油 ...1 大匙
五香粉 ...1 小匙
白胡椒粉 ... 適量
白芝麻油 ...1 小匙

< 準備作業 >

❶ 白花椰菜洗淨切碎成花椰菜米；藜麥泡水至膨脹倒掉水。
❷ 花椰菜、藜麥、燕麥麩皮拌勻放入電鍋，外鍋 1 杯水蒸熟。
❸ 五花肉切細條。
❹ 乾香菇泡水泡開切細條。
❺ 小蝦米水洗一下瀝乾水分。
❻ 香菜洗淨切碎。

< 作法 >

❶ 備鍋加入椰子油，加入香菇條、小蝦米炒香，續放五花肉條炒熟。
❷ 加入油蔥拌勻，加入無糖醬油、五香粉、白胡椒粉拌勻，加入 1/4 杯水。
❸ 燜一下收乾水分，熄火加入白芝麻油。
❹ 再將蒸熟的花椰藜麥燕麥麩皮飯加入，拌炒均勻即完成。

Check!

鄭姐食話說

年輕時，我有吃下 2 碗油飯的本事，現在減醣了，但總懷念那豬油蔥的香噴滋味。你有和我一樣嗎？心動不如馬上行動了！佳吟姐妹的偽油飯，我可以吃下 2 碗啦！

No.05

花椰粽

醐學 / 羅金梅　份量 / 3 人份

< 所需食材 >

白花椰菜 ...200g
燕麥麩皮 ...200g
五花肉 ...300g
菜脯 ...50g
蝦米 ...10 匙
油蔥 ...20g

< 調味料 >

滷汁：
滷包
無糖醬油
豬油 ... 適量
白胡椒粉 ... 適量

< 所需工具 >

竹粽葉
棉繩

< 準備作業 >

❶ 花椰米和花椰菜根比例 3：1 口感佳。
❷ 白花椰菜洗淨切碎，放入調理機中打成碎粒米狀。
❸ 花椰菜米、燕麥麩皮拌勻成乾燥菜粒狀。
❹ 五花肉切塊，菜脯切丁。
❺ 蝦米水洗一下瀝乾水分。
❻ 竹粽葉洗淨、瀝乾。

< 作法 >

❶ 五花肉用滷汁滷熟。
❷ 備鍋加入豬油，炒香蝦米，再放入菜脯炒香，加入白胡椒粉調味。
❸ 取 2 片竹葉，折成三角形，先放入乾花椰米，再放入 1 塊五花肉塊、蝦米、菜脯，最後再填入乾花椰米。
❹ 取棉繩將粽子綁緊，放入電鍋，外鍋 1 杯水，蒸熟即完成。
❺ 食用時可撒上些許香菜增添香氣，也可以加入辣椒醬一起食用更添風味。

Check!

鄭姐食話說

我忘了已幾年沒碰過粽子，端午節似乎和我無關似的，以後端午節，我有譜囉！金梅姐妹不藏私分享喔！食材內料已沒問題，但我開始擔心的是要怎麼包～

No.06

天貝薑黃咖哩椰飯

酮學 / **簡慧如**　份量 / **1 人份**

< 所需食材 >

白花椰米 ...120g
天貝 ...150g
紫洋蔥 ...1/2 顆
薑 ... 少許
蒜頭 ...2 ～ 3 瓣

< 調味料 >

椰子油 ... 適量
橄欖油 ... 適量
薑黃粉 ...10g
咖哩粉 ...30g
鹽 ...1 小匙
沾醬：
咖哩粉 ...10g
薑黃粉 ... 酌量
味噌醬 ...1 小匙
蓮藕粉 ...1 大匙

< 準備作業 >

❶ 紫洋蔥去皮切碎。
❷ 薑切碎。
❸ 蒜頭去皮切碎。

< 作法 >

❶ 備鍋倒入椰子油，放入天貝乾煎至金黃，切小塊備用。
❷ 備鍋倒入橄欖油、薑末、蒜末爆香。
❸ 放入紫洋蔥碎拌炒至軟，再加入花椰菜米炒熟，再加入咖哩粉、薑黃粉、鹽炒均勻，入點水稍煮乾後盛起，再將天貝擺盤即可。
❹ 將咖哩粉、薑黃粉炒熱加味噌醬及蓮藕粉調勻，當作天貝沾醬或是將醬汁淋上花椰菜飯上，隨個人喜好。

Check!

鄭姐食話說

咖哩的不敗滋味，有天貝來點綴，減醣蔬食吃蛋白質的最經典菜色！
花椰米飯和咖哩醬挖一口吃，準備微笑啦！逆齡的樣貌是減醣吃出來的，無誤。

No.07

咖哩雞肉花椰焗烤飯

酮學 / 社團酮學　份量 / 1 人份

< 所需食材 >

雞胸肉 ...100g
花椰菜 ...100g
洋蔥 ...1/4 顆
蘑菇 ...2 朵
起司絲 ... 適量

< 調味料 >

椰子油 ...1 大匙
無糖醬油 ...1 大匙
咖哩粉 ...1 大匙
白胡椒粉 ... 適量

< 準備作業 >

❶ 雞胸肉切丁。
❷ 花椰菜切塊。
❸ 洋蔥去皮切丁，蘑菇切片。

< 作法 >

❶ 備鍋加入椰子油，將洋蔥丁、蘑菇片炒香，依序加入無糖醬油、咖哩粉拌炒均勻。
❷ 再將雞胸肉丁、花椰菜倒入炒至半熟，加入白胡椒粉調味。
❸ 起鍋後放入焗烤皿，撒上起司絲，放入烤箱中，火烤至表面金黃上色即可。

Check!

鄭姐食話說

不同於奶油焗烤風味，咖哩焗烤的風味更有層次。
誰說焗烤食物會胖，花椰米當主食，可以盡量盡量嘿，社團酮學的瘦身秘密，原來吃得這樣美味喔！

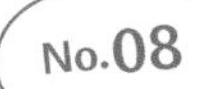

No.08

南瓜鮮蝦花椰米燉飯

酮學 / 陳春木　份量 / 1 人份

< 所需食材 >

白蝦 ...5 隻
南瓜 ...50g
花椰菜米 ...120g
洋蔥 ...1/4 顆
蒜頭 ...2 ～ 3 瓣
起司絲 ... 適量
喜愛的起司（如帕瑪森、費塔乾酪）... 適量
堅果碎 ... 適量

< 調味料 >

椰子油 ...1 大匙
玫瑰鹽 ... 適量
橄欖油 ...1 大匙
白酒 ...50c.c.
無鹽奶油 ...10g
黑胡椒 ... 適量
乾燥香芹 ... 適量

< 準備作業 >

❶ 白蝦去腸泥，剝去蝦頭、蝦殼，撒上玫瑰鹽醃漬 5 分鐘。
❷ 南瓜去籽不去皮切大塊。
❸ 洋蔥、蒜頭去皮切末。

< 作法 >

❶ 將南瓜淋上椰子油、撒上玫瑰鹽，放入烤箱上下火 180℃ 烤 15 分鐘。
❷ 烤箱取出的南瓜挖出南瓜肉泥備用。
❸ 熱鍋放入橄欖油，放入蝦頭、蝦殼、白酒熬煮，同時放入蝦子；待鮮味出來後取出蝦頭及蝦殼。
❹ 蝦子煎至兩面金黃熟透後取出備用。
❺ 加入無鹽奶油、洋蔥末、蒜末，撒上黑胡椒炒香後，再放入南瓜肉泥、花椰菜米及少許水（或高湯）一起燉煮。
❻ 等到花椰菜米吸收湯汁後，加入起司絲拌勻。
❼ 盛盤，放上蝦子，最後撒上喜愛的起司、堅果碎及乾燥香芹。

Check!

鄭姐食話說

燉飯是我的最愛，過去我只能遠觀不能盡興，以花椰菜為米飯底，愛吃什麼好料都能丟進鍋裡來，南瓜的色相太挑逗味蕾，恰好的優澱粉量有滿足喔！
春木姐妹的瘦身成績是當月達陣的戰績，肯定是這道料理最貢獻！

No.09

雞刨花椰米飯

酮學 / 社團酮學　份量 / 1 人份

< 所需食材 >

雞胸肉 ...100g
板豆腐 ...1 塊
雞蛋 ...1 ～ 2 顆
花椰米 ...100g
紅蘿蔔 ...20g
山藥 ...30g
彩椒 ...5g
黃瓜 ...20g
洋蔥 ...1/4 顆
A 菜心 ...1 條
芹菜 ...20g

< 調味料 >

橄欖油 ... 適量
玫瑰鹽 ... 適量
無糖醬油 ... 適量
白胡椒粉 ... 適量

< 準備作業 >

❶ 板豆腐捏碎，瀝乾水分。
❷ 紅蘿蔔、山藥、洋蔥、A 菜心去皮切小丁。
❸ 黃瓜、芹菜切小丁。
❹ 彩椒去蒂去籽切小丁。
❺ 雞胸肉切小丁。
❻ 雞蛋打勻。

< 作法 >

❶ 豆腐碎、雞蛋混合拌勻。
❷ 熱鍋入橄欖油，放入混合蛋液的豆腐碎拌炒，再加入玫瑰鹽、無糖醬油炒勻備用。
❸ 備鍋倒入橄欖油，依序放入洋蔥丁、山藥丁、黃瓜丁、萵筍丁、芹菜丁、花椰菜拌炒均勻後，將雞肉丁和雞蛋豆腐碎加入拌炒，讓食材味道再融合。
❹ 放入白胡椒粉、玫瑰鹽調味，撒上紅椒末添色即可盛盤。

Check!

鄭姐食話說

這是社團酮學，美味貢獻的料理，問她怎麼瘦這樣快，她認真說：「鄭姐，我天天都愛吃“雞刨飯”瘦滴呀！」看到這裡，你開始有想法了嗎？

No.10

藜麥花椰米蛋包飯

醐學 / 吳鈺慈　份量 / 1 人份

＜所需食材＞

白花椰米 ...100g
藜麥 ...5g
洋蔥 ...30g
鮮香菇 ...1 朵
豬肉（五花絞肉）...50g
雞蛋 ...2 顆

＜調味料＞

橄欖油① ...1 小匙
橄欖油② ...1 小匙
無糖醬油 ...1/2 大匙
玫瑰鹽 ... 適量
蕃茄醬 ... 適量

＜準備作業＞

❶ 藜麥泡水至膨脹倒掉水，放入電鍋，外鍋 1/4 杯水蒸熟。
❷ 洋蔥切丁，鮮香菇洗淨切丁。
❸ 雞蛋打勻。

＜作法＞

❶ 備鍋加入橄欖油①，放入洋蔥丁炒至微黃，加入豬肉、香菇丁炒熟。
❷ **作法❶**後再續放入花椰米、蒸熟的藜麥炒勻，加入無糖醬油、玫瑰鹽調味，起鍋備用。
❸ 備鍋加入橄欖油②，小火煎蛋皮。
❹ 取一碗，放入煎好蛋皮，再將炒好的藜麥花椰菜飯填入，用蛋皮包住，倒扣在盤子上。
❺ 蕃茄醬依個人喜好，淋在蛋包飯上即完成。

Check!

鄭姐食話說

董娘出菜，太不簡單，擄獲所有人的胃，這道料理當之無愧！
內餡料的飽滿，實在好滿足我的胃，有胃飽了，但眼睛還未飽的錯覺。

No.11

天貝花椰米飯

酮學 / 鄭慶雯　份量 / 1 人份

＜所需食材＞

天貝 ...100g
白花椰米 ...100g
青蒜 ...1 支
薑 ... 適量
乾香菇 ...2 朵

＜調味料＞

椰子油 ...1 大匙
橄欖油 ...1 大匙
無糖醬油 ...1 大匙
海鹽 ... 適量
白胡椒粉 ... 適量

＜準備作業＞

❶ 天貝切丁。
❷ 青蒜切絲，分蒜白及蒜青。
❸ 薑切絲，乾香菇泡水切丁。

＜作法＞

❶ 天貝先以椰子油煎酥備用。
❷ 橄欖油入鍋，入薑絲，乾香菇丁，蒜白絲輕爆拌炒。
❸ 再丟入白花椰菜末拌炒，入無糖醬油煸炒至乾爽入味，再倒入天貝丁。
❹ 撒上海鹽拌炒，起鍋再入蒜青、白胡椒粉，拌炒即可起鍋。

Check!

鄭姐食話說

天貝是印尼國寶食材，豆類經過發酵後，成為好吸收的蛋白質，是素食者的天菜了。融入花椰米飯，即是減醣吃蛋白質定位，營養貢獻多，減醣好料理喔！

No.12

鴨丁花椰米飯（惜福餐）

酮學 / 鄭慶雯　份量 / 1 人份

< 所需食材 >

鴨肉（或燻鴨）...100g
白花椰米 ...100g
雞蛋 ...1 顆
薑 ... 適量
青蒜 ...1 支

< 調味料 >

無糖醬油 ...1 大匙
玫瑰鹽 ... 適量
白胡椒粉 ... 少許

< 準備作業 >

❶ 將鴨肉煎熟，切丁。
❷ 薑切絲。
❸ 青蒜切絲，分蒜白及蒜青。
❹ 雞蛋打勻備用。

< 作法 >

❶ 橄欖油入鍋輕爆薑絲、蒜白再入白花椰菜米，拌炒。
❷ 入雞蛋拌炒成雞蛋碎，再入鴨肉丁拌炒，淋點無糖醬油、玫瑰鹽、白胡椒粉。
❸ 以上拌炒後，入蒜青，均勻入味即可起鍋。

Check!

鄭姐食話說

鴨胸肉的油脂美好，一直是低碳飲食者的最愛，紅肉鴨胸補鐵滋養女人有功。
隔餐吃剩鴨胸肉切丁末，料理成花椰米炒飯，快手秒殺餐桌。

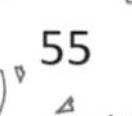

No.13

中卷鑲花椰米飯

酮學 / 鄭慶雯　份量 / 1 人份

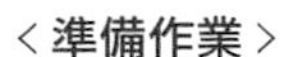

< 所需食材 >

中卷 ...1 尾
白花椰米 ...200g
紅藜 ...20g
洋蔥 ...1/5 顆
紅椒 ...50g
油蔥 ... 適量

< 調味料 >

橄欖油 ...1 大匙
無糖醬油 ...1 大匙
海鹽 ... 適量
白胡椒 ... 適量

< 準備作業 >

❶ 中卷清洗內臟整尾備用。
❷ 紅藜洗淨並泡水，電鍋蒸熟。
❸ 洋蔥切丁，紅椒切末備用。

< 作法 >

❶ 備鍋入橄欖油炒香洋蔥丁，再下花椰米、紅藜拌炒。
❷ 淋上無糖醬油、海鹽、白胡椒粉拌炒到熟。
❸ 撒上紅椒末、油蔥拌炒一下成餡料，熄火起鍋放涼。
❹ 以小匙挖料灌入中卷，以塞滿為要，尾部以牙籤固定不讓料爆出。
❺ 備鍋，油煎中卷，熟後切圈擺盤上桌。

Check!

鄭姐食話說

這道精緻菜餚，也能以白花椰米飯來呈現，真的很高招哦！
重點要鑲得緊、紮實，切圈就不會掉出花椰菜米飯。

No.14

什錦花椰米飯糰

酮學 / 鄭慶雯　份量 / 1 人份

< 所需食材 >

白花椰米 ...100g
紅藜 ...10g
馬鈴薯 ...10g
洋蔥 ...10g
紅蘿蔔 ...10g
生香菇 ...1/2 朵
毛豆 ...30g
四季豆 ...10g
玉米粒 ...10g
蘿蔔乾 ...10g
雞蛋 ...1 顆

< 調味料 >

無糖醬油 ...1 大匙
海鹽 ... 適量
黑胡椒粒 ... 適量
橄欖油 ...1 大匙
芝麻油 ... 少許

< 準備作業 >

❶ 白花椰米佔比 50%，其他所有食材佔比 50%。
❷ 紅藜先煮熟備用。
❸ 馬鈴薯煮熟後，搗成泥備用。
❹ 蔬菜食材洗淨切丁備用。

< 作法 >

❶ 備鍋入橄欖油，將雞蛋打勻入鍋炒成雞蛋碎。
❷ 備鍋入橄欖油炒香洋蔥後，依序放入紅蘿蔔丁、生香菇丁、毛豆、四季豆丁、玉米粒、白花椰米、紅藜炒熟入無糖醬油、海鹽調味。
❸ 起鍋盛起，倒入馬鈴薯泥，黑胡椒粒、芝麻油拌均勻，以保鮮膜包成飯糰即可。

Check!

鄭姐食話說

這道菜是為野餐構思的料理，十錦蔬菜的概念，以白花椰為主要飯底，佐以較乾式的蔬菜，乾炒一鍋，以保鮮膜包成飯糰。就算冷掉吃口感一樣好，真的蔬菜吃到飽了。

No.15

金沙雞丁花椰米飯

醄學 / **鄭慶雯**　份量 / **1 人份**

< 所需食材 >

白花椰米 ...200g
鹹蛋 ...1 個
雞胸肉 ... 半副
青蒜 ...1 支（青蔥也可）

< 調味料 >

橄欖油 ...1 大匙
無糖醬油 ...1 大匙
白胡椒粉 ... 少許

< 準備作業 >

❶ 鹹蛋剝殼將蛋黃、蛋白分開。
❷ 雞胸肉切小丁。
❸ 青蒜（青蔥）切絲，白綠分開。

< 作法 >

❶ 備鍋入橄欖油輕爆蒜白，續放入鹹蛋黃炒至化開，入白花椰米拌炒。
❷ 入雞胸肉丁拌炒，讓鹹蛋黃油脂掛在菜肉上。
❸ 入無糖醬油、白胡椒粉，拌炒。
❹ 起鍋入蒜青拌炒，鹹蛋白丁也入鍋拌勻後，即可起鍋。

Check!

鄭姐食話說

鹹香蛋黃總是不負金沙之美名，任何食材與她共舞，總能蓬華生輝，食慾大振。
與花椰米協奏雞丁炒飯，真的有“續碗”概念。
蛋白切碎末融合與花椰米飯中，切記！有金沙元素可以少鹽很多哦！

No.16

咖哩豬松阪燴花椰米飯

酮學／鄭慶雯　份量／1 人份

＜所需食材＞

白花椰米 ...100g
松阪豬肉片 ...100g
紅藜 ...5g
洋蔥 ...1/2 顆
蒜頭 ...1 瓣
蘑菇 ...2 朵
蘋果 ...1/3 顆
黑巧克力 ...1 片
堅果粒 ...3 ～ 5 顆

＜調味料＞

椰子油 ... 少許
橄欖油 ...2 大匙
咖哩粉 ...30g
無糖醬油 ...1 大匙
海鹽 ... 適量
酸奶 ...50c.c.

＜準備作業＞

❶ 紅藜洗淨並泡水一小時。
❷ 洋蔥切絲。
❸ 蘑菇切塊狀、蒜頭切末備用。
❹ 蘋果切塊備用。

＜作法＞

❶ 白花椰米和紅藜入電鍋一起蒸熟，起鍋淋點椰子油拌一下。
❷ **咖哩醬製作：**
(a) 備鍋入橄欖油，入洋蔥絲、蒜末、蘑菇塊炒香，再入咖哩粉炒出香氣。
(b) 將上述作法和蘋果塊、水 200 c.c. 放入果汁機打成泥，再加入黑巧克力待其融化。
❸ 備鍋入油入松阪豬肉片炒至半熟，置入咖哩醬燒一下，讓味道融合。
❹ 將花椰紅藜米飯盛盤，淋上咖哩肉片燴汁即可食（撒上堅果粒增加口感）。

Check!

鄭姐食話說

挑戰不以馬鈴薯做底，要讓碳水再更低些，以蘋果、洋蔥、蘑菇為燴汁基底，原型食物的甜味濃稠都兼具了。加了個秘密武器：黑巧克力，咖哩醬風味更迷人濃郁了。

No.17

南瓜燴牛肉花椰米飯

酮學 / 社團酮學　份量 / 1 人份

< 所需食材 >

白花椰米 ...100g
南瓜 ...50g
櫛瓜 ...20g
牛肉片 ...50g
生鮮香菇朵 ...2 朵
蒜頭 ...2 瓣
薑 ... 適量

< 調味料 >

橄欖油 ...2 大匙
無糖醬油 ...1 小匙
海鹽 ... 適量
白胡椒粉 ... 適量

< 準備作業 >

❶ 南瓜（30g）蒸熟加適量水，搗成泥。
❷ 南瓜（20g）去皮切小丁。
❸ 生鮮香菇、櫛瓜切片。
❹ 蒜頭去皮、薑切末。

< 作法 >

❶ 備鍋入橄欖油，炒香蒜瓣、薑末，再入香菇片、櫛瓜片、南瓜丁拌炒。
❷ 續放入牛肉片、白花椰米、無糖醬油拌炒 8 分熟。
❸ 倒入南瓜泥拌炒均勻，撒入海鹽、白胡椒粉調味。

Check!

鄭姐食話說

牛肉燴飯已是好多年沒碰過的餐，因為怕勾芡，因為怕太甜又鹹，更怕吃完就是長 1 公斤肉在身上，超級大地雷！
南瓜為底的燴汁盡興配上花椰米飯，很安全，不鹹不甜不負擔！耶！

No.18

花椰丁丁一盤飽

酮學 / 鄭慶雯　份量 / 1 人份

< 所需食材 >

白花椰菜 ...200g
雞胸肉 ...50g
地瓜 ...30g
毛豆 ...30g
玉米粒 ...30g
豆包 ...30g
生鮮香菇 ...1 朵
青蒜 ...1 支
薑絲 ... 適量

< 調味料 >

椰子油 ...2 大匙
無糖醬油 ... 1/2 大匙
海鹽 ... 適量
胡椒粉 ... 適量

< 準備作業 >

1. 白花椰菜洗淨切碎。
2. 雞胸肉切丁。
3. 地瓜去皮切丁。
4. 豆包、香菇切丁。
5. 青蒜切絲。

< 作法 >

1. 備鍋，加入椰子油，將薑絲、雞胸肉丁、白花椰碎、地瓜丁依序入鍋拌炒。
2. 再放入毛豆、玉米粒、豆包丁、香菇丁，續將所有食材炒熟。
3. 佐上無糖醬油、海鹽、胡椒粉拌炒均勻。
4. 最後再丟入青蒜絲拌炒即完成。

Check!

鄭姐食話說

這是懶人餐的減醣料理，我只想給一盤啥都有，就吃一盤飽。
蛋白質為 40%的佔比多，澱粉 30%就讓地瓜丁來表現啦！油脂以冷壓好油圓滿，這道減醣 433 的花椰米飯，實在好飽呀 ...

PART 2
創意料理

No.19

花椰米珍珠丸子

酮學 / 鄭慶雯　份量 / 1 人份

< 所需食材 >

豬絞肉 ...200g
白花椰菜米 ...100g
蔥末 ... 適量
薑末 ... 適量
蓮藕粉 ...30g
雞蛋 ...1 顆

< 調味料 >

白胡椒粉 ... 適量
無糖醬油 ...1 大匙
海鹽 ... 適量

< 作法 >

❶ 豬絞肉拌入蔥末、薑末、雞蛋、調味料拌勻入味。
❷ 再拌入蓮藕粉攪拌均勻，冰箱冷藏 2 小時以上更入味。
❸ 手抓出一個個丸子狀，滾上花椰米，置盤中備用。
❹ 以電鍋外鍋半杯水蒸熟即可。

Check!

鄭姐食話說

總算有盡興吃珍珠丸子的理由了！除了無米，其他內料都是製作珍珠丸子的經典食材。相信我，咬下去，就是一口珍珠丸子的美味。

No.20

油潑辣子麵

醐學／黃雅停　份量／1 人份

＜所需食材＞

冷凍羽衣甘藍菜 ...1 杯
蒟蒻粉 ...3 大匙
小蘇打粉 ...2g
雞蛋 ...1 顆
海帶芽 ...1 大匙
大骨湯 ...200c.c.

＜調味料＞

玫瑰鹽 ... 適量
辣椒醬 ... 少許

＜準備作業＞

❶ 小蘇打粉加入 10g 冷開水拌勻。

＜作法＞

❶ 冷凍羽衣甘藍菜、飲用冷水 250c.c. 用果汁機打勻，加入蒟蒻粉拌勻，再煮開。
❷ 小蘇打水倒入**作法❶**中拌勻熄火，倒入平盤中。
❸ 放入冷藏凝固，切成麵條狀，置於碗中。
❹ 大骨湯、海帶芽煮滾，加入玫瑰鹽、辣椒醬調味，打入雞蛋煮熟，倒入碗中即完成。
❺ 也可以加入小白菜、豆芽菜等蔬菜搭配，建議食用前可以再淋上辣油會更夠味哦。

Check!

鄭姐食話說

麵疙瘩概念，以蒟蒻食材來完勝，吃得好飽又不會胖的腰瘦料理，你想來一碗嗎？

No.21

藜麥花椰米漢堡

酮學 / 鍾佳吟　份量 / 1 人份

< 所需食材 >

白花椰菜 ...150g
藜麥 ...20g
燕麥麩皮 ...30g
梅花肉片 ...2 片
雞蛋 ...1 顆
美生菜 ...3 葉
起司片 ...1 片

< 調味料 >

玫瑰鹽 ...1 小匙
黑胡椒粒 ... 適量
無糖醬油 ...2 小匙

< 準備作業 >

❶ 白花椰菜洗淨切碎成花椰菜米；藜麥泡水至膨脹，水倒掉。
❷ 將白花椰菜米、藜麥、燕麥麩皮拌勻入電鍋蒸熟（外鍋 1 杯水），成為花椰藜麥燕麥麩皮飯。
❸ 美生菜洗淨瀝乾水分。
❹ 梅花肉片加入無糖醬油、黑胡椒醃 5 分鐘。

< 作法 >

❶ 將蒸熟的花椰藜麥燕麥麩皮飯加入玫瑰鹽、黑胡椒粒調味。
❷ 把飯平均分成 2 份，用保鮮膜包起來，整型成扁圓形壓實壓緊，做成漢堡。
❸ 備鍋加入梅花肉片煎熟，不洗鍋煎 1 顆荷包蛋。
❹ 取 1 片花椰藜麥漢堡，依序放上美生菜、肉片、荷包蛋、起司片，再撒上一點黑胡椒粒提味，將剩餘一片花椰藜麥漢堡蓋上即完成。

Check!

鄭姐食話說

米漢堡竟然可以花椰米飯成就，這道料理肯定要學！
夾餡料隨心所喜，米片才是關鍵，終於可以野餐帶出門，飽腹自己囉！

No.22

花椰菜肉粿

酮學 / 羅金梅　份量 / 1 人份

< 所需食材 >

白花椰菜 ...100g
燕麥麩皮 ...50g
豬肉（五花絞肉）...150g
洋車前子 ...10g
雞蛋 ...2 顆

< 調味料 >

玫瑰鹽 ... 適量
白胡椒粉 ... 適量
酪梨油 ...2 大匙
辣椒醬或無糖醬油 ... 適量

< 準備作業 >

❶ 白花椰菜洗淨切碎。

< 作法 >

❶ 備一容器，倒入花椰菜碎、燕麥麩皮、豬絞肉、洋車前子拌勻。
❷ 打入雞蛋攪拌均勻，視濃稠度如何增加水分，如很稠可以加一點水調和。
❸ 加入玫瑰鹽調味、撒上白胡椒粉提味。
❹ 備一容器，裝入作法❸，放入電鍋，外鍋 1 杯水蒸熟，取出放涼切適當大小。
❺ 備鍋加入酪梨油 1 大匙，油煎至金黃酥脆即完成。
❻ 食用時，可以搭配辣椒醬或無糖醬油一起吃。

Check!

鄭姐食話說

客家姐妹的金梅，總能完勝醃製食物的渴望。以花椰菜來取代糯米，有粿美味，還有蔬菜營養，準備動手吧！

No.23

海鮮煎餅

酮學 / **羅金梅**　份量 / **1 人份**

< 所需食材 >

白花椰菜 ...200g
燕麥麩皮粉 ...50g
雞蛋 ...2 顆
蝦子 ...10 隻
中卷 ...1 隻
起司絲 ... 適量

< 調味料 >

玫瑰鹽 ... 適量
白胡椒粉 ... 適量
酪梨油 ...1 大匙
椰子油 ...1 大匙（用於煎海鮮）

< 準備作業 >

❶ 白花椰菜洗淨使用調理機打成細末。
❷ 蝦子使用不帶殼的、去腸泥。
❸ 中卷洗淨輪切或切小塊。

< 作法 >

❶ 花椰菜細末、燕麥麩皮粉、雞蛋攪拌均勻成粉漿，再加入玫瑰鹽、白胡椒粉調味。
❷ 蝦子和小卷有兩種處理方式，一種是不切也不加進粉漿中，在煎煎餅時直接擺在粉漿上較美觀。
❸ 如果想要直接吃整塊煎餅，也可以將蝦子和中卷切小塊，拌入粉漿中。
❹ 備鍋加入酪梨油，倒入粉漿，用鍋鏟塑型（如果是不切蝦子和中卷的方法，可先將蝦子和中卷煎至八分熟，倒入粉漿後就擺在粉漿上）。
❺ 煎至兩面焦香、海鮮熟透，撒上起司絲，蓋上鍋蓋，小火燜 30 秒至融化即完成。

鄭姐食話說

看起來很難，材料作法很簡單，太感謝金梅姐妹的好手藝，讓簡單料理成大菜，決定宴客就出這道菜，自己都覺得好厲害啦！

No.24

羽衣紅藜肉

醐學 / 羅金梅　份量 / 2 人份

< 所需食材 >

冷凍羽衣甘藍菜 ...1 碗
藜麥 ... 半碗
五花絞肉 ...1 碗

< 調味料 >

芝麻油 ...1 小匙
白胡椒粉 ... 適量
無糖醬油 ...1 大匙
玫瑰鹽 ... 適量
酪梨油 ... 適量

< 準備作業 >

❶ 藜麥泡水至膨脹倒掉水，放入電鍋，外鍋 1 杯水蒸熟。

< 作法 >

❶ 冷凍羽衣甘藍菜、藜麥、五花絞肉攪拌均勻。
❷ 加入芝麻油、白胡椒粉，再加入無糖醬油、玫瑰鹽調味。
❸ 使用錫箔紙或是烘焙紙將羽衣藜麥絞肉包起，塑型後包緊。
❹ 放入電鍋，外鍋 1 杯水蒸熟。
❺ 食用前，建議備鍋加入些許酪梨油，煎至焦香即可。

Check!

鄭姐食話說

愛運動健身的你，看過來！完全高蛋白的組合，運動前吃一條，就盡情運動去吧！

No.25

花椰菜南瓜培根卷

酮學 / **黃雅停**　份量 / **1 人份**

〈所需食材〉

白花椰菜 ...100g
藜麥 ...1/2 小匙
培根 ...1 片
雞蛋 ...1 顆
南瓜 ...20g

〈調味料〉

玫瑰鹽 ... 適量
白胡椒粉 ... 適量

〈準備作業〉

❶ 白花椰菜洗淨切碎成花椰菜米。
❷ 藜麥泡水至膨脹倒掉水。
❸ 南瓜切片。

〈作法〉

❶ 取一耐烤容器（建議用圓型烤盅，直徑約 8 ～ 9 公分），將培根繞在周圍 1 圈，底部鋪上南瓜片。
❷ 花椰菜末、藜麥混合均勻，填在南瓜片上，用湯匙輔助壓緊壓實。
❸ 雞蛋打散，加入玫瑰鹽、白胡椒粉調味，倒入烤盅中。
❹ 放入烤箱，上下火 200℃ ，烤約 20 分鐘。
❺ 如果家中沒有烤箱也可以使用電鍋，外鍋 1 杯水蒸熟。
❻ 最後將烤盅倒扣於盤中即可。

Check!

鄭姐食話說

根本就是一道美美的宴客菜，有盅的概念喔，培根愛戀著南瓜的圍繞！
藜麥似是星光點點的綴飾，切一口來吃吧！真的有大菜感覺喔！

No.26

羽衣蚵卷

酮學 / 鍾佳吟　份量 / 1 人份

< 所需食材 >

冷凍羽衣甘藍菜 ...1 碗
豬絞肉 ...200g
豬油網 ... 數張
洋蔥 ...30g
蔥 ...1 支
蒜頭 ...2 瓣
馬鈴薯 ...30g
紅蘿蔔 ...30g
蚵仔 ...100g
雞蛋 ...1 顆
燕麥麩皮粉 ... 適量

< 調味料 >

橄欖油 ...5 大匙
白胡椒粉 ... 少許
蕃茄醬 ... 適量
餡料：
玫瑰鹽 ...2 小匙
白胡椒粉 ...2 小匙
椰糖 ...2 小匙
白麻油 ...1 大匙
蓮藕粉 ...15g

< 準備作業 >

1. 豬油網洗淨、瀝乾。
2. 洋蔥切小丁、蔥洗淨切末、蒜頭去皮切末。
3. 馬鈴薯、紅蘿蔔洗淨去皮切小丁。
4. 蚵仔洗淨、瀝乾。
5. 雞蛋打散。

< 作法 >

1. 準備一容器，加入冷凍羽衣甘藍菜、豬絞肉、洋蔥丁、蔥末、蒜末、馬鈴薯丁、紅蘿蔔丁拌勻，再放入餡料調味料攪拌均勻。
2. 取一張豬油網，攤平，鋪上約 3 湯匙的肉餡鋪平，中心放入 2 個蚵仔，包起。
3. 捲成條狀，如油網太破，需將網格的間距拉近一點會較好包起來。
4. 捲好的蚵卷放入電鍋，外鍋 1 杯水蒸熟，取出放涼，沾上蛋液、燕麥麩皮粉。
5. 備鍋加入橄欖油，放入蚵卷小火煎炸至金黃色即完成。
6. 建議可以撒上白胡椒粉或沾蕃茄醬食用。

Check!

鄭姐食話說

佳吟姐妹完勝愛吃炸物的欲望，完全走高蛋白路線，當宴客料理也很體面哦！減醣炸物，厲害！

羽衣脆皮肉丸

醐學 / **鍾佳吟**　份量 / **2 人份**

<所需食材>

冷凍羽衣甘藍菜 ...50g
豬絞肉 ...350g
馬鈴薯澱粉（太白粉）...200g
蔥 ...1 支
辣椒 ...1 支

<調味料>

餡料：
- 海鹽 ...2 小匙
- 椰糖 ...2 小匙
- 五香粉 ... 適量
- 白胡椒粉 ... 適量

椰子油 ...1 小匙

醬汁：
- 無糖醬油 ...1 大匙
- 橄欖油 ...1 大匙

<準備作業>

❶ 蔥洗淨切末、辣椒洗淨去蒂頭切末。

❷ 冷凍羽衣甘藍菜、水 50c.c.，放入果汁機中打成汁，過濾擠乾，菜渣及菜汁分開使用。

<作法>

❶ 準備一容器，放入菜渣、豬絞肉、海鹽、椰糖攪拌均勻，再加入五香粉、白胡椒粉拌勻，備用。

❷ 另備一容器，放入馬鈴薯澱粉（太白粉）備用。

❸ 將菜汁煮滾，沖入馬鈴薯澱粉（太白粉）中，邊淋邊攪拌（使用燙麵法），等不燙手時，慢慢揉成糰，如黏手可以沾點油。

❹ 取麵糰 40 公克，搓成球狀壓扁擀開（可以隔著保鮮膜做較好操作），包入豬肉餡，收口捏緊，多餘麵糰可以拿掉。

❺ 備一鍋水煮滾，放入肉丸後再用小火慢慢煮 8 分鐘即可撈起瀝乾。

❻ 食用前建議，備平底鍋加入椰子油，將肉丸煎至焦香，口感會更好。

❼ 調醬汁，無糖醬油、橄欖油、蔥末、辣椒末混合均勻即可。

Check!

鄭姐食話說

完全無麩質減醣概念，脆皮的口感，讓人很驚豔。重點是你看到了翡翠綠的羽衣甘藍菜作外皮，地表無敵營養呀！

No.28

白花椰辣丸子

醐學 / **羅金梅**　份量 / **2 人份**

< 所需食材 >

白花椰菜 ...150g
玉米筍 ...3 支
五花豬絞肉 ...300g
板豆腐 ... 半塊
雞蛋 ...2 顆
洋車前子 ...50g
燕麥麩皮 ...100g

< 調味料 >

無糖醬油 ...1 小匙
玫瑰鹽 ... 適量
白胡椒粉 ... 適量
鵝油辣椒 ... 少許
芝麻油 ... 少許
橄欖油 ...5 大匙

< 準備作業 >

❶ 白花椰菜、玉米筍洗淨切碎。
❷ 五花豬絞肉建議使用帶皮絞肉，口感會較好。
❸ 板豆腐壓碎。

< 作法 >

❶ 準備一容器，放入白花椰菜碎、玉米筍碎、五花豬絞肉攪拌均勻。
❷ 續放豆腐碎、雞蛋拌勻，分次加入洋車前子攪拌均勻。
❸ 加入無糖醬油、玫瑰鹽、白胡椒粉調味，再淋上鵝油辣椒、芝麻油提味。
❹ 塑型成圓型，約乒乓球大小，沾燕麥麩皮粉。
❺ 備鍋加入橄欖油，半煎半炸，熟透即完成。

Check!

鄭姐食話說

肉丸子有很多不同的作法，以白花椰菜來演繹最勝出囉！我有想來做獅子頭的衝動了，燉白菜就有年菜的豐盛囉！
有入洋車前子和燕麥麩皮做黏著劑，口感更勝。金梅姐妹手藝非凡喔！

No.29

羽衣甘藍香腸

酮學 / 羅金梅　份量 / 1 人份

<所需食材>

羽衣甘藍 ...1 碗
五花豬絞肉 ...1.5 碗
洋車前子 ...20g
腸衣

<調味料>

無糖醬油 ...2 大匙
五香粉 ...1 小匙
米酒 ...1 小匙
橄欖油 ...1 大匙

<準備作業>

1. 羽衣甘藍洗淨切碎。
2. 腸衣洗淨瀝乾。

<作法>

1. 將切碎羽衣甘藍放入調理機打成細末狀。
2. 準備一容器，放入羽衣甘藍細末、五花豬絞肉攪拌均勻。
3. 分次加入洋車前子拌勻，再加入無糖醬油、五香粉調味，續放入米酒去腥。
4. 把腸衣打開，將絞肉灌入，整條灌好後，適當長度轉幾圈分成好幾段。
5. 備鍋加入橄欖油，放入香腸煎至熟透即可。

Check!

鄭姐食話說

相信嗎？看到、吃到了，完全就是香腸來著。追求低碳的你，真的可以做很多，置入冷箱冷凍，吃開心了！

No.30

QQ 花椰炒

酮學 / 蔡掬朵　份量 / 1 人份

< 所需食材 >

滷豬皮 ...50g
白花椰菜米 ...100g
小松菜梗 ... 酌量
油蔥酥 ... 酌量
薑 ...1 塊

< 調味料 >

橄欖油 ...1 大匙
無糖醬油 ... 適量
海鹽 ... 適量
白胡椒粉 ... 少許

< 準備作業 >

❶ 將滷豬皮切小丁。
❷ 小松菜只取梗的部分，切碎。
❸ 薑洗淨切片。

< 作法 >

❶ 備鍋加入橄欖油，放入薑片、花椰菜米炒香，再加入無糖醬油、海鹽調味。
❷ 再加入小松菜梗、滷豬皮丁拌炒均勻。
❸ 起鍋前撒上白胡椒粉，佐上油蔥酥即完成。

Check!

鄭姐食話說

豬皮的膠原質，口感和膠原營養讓身為減醣者的我，最是鍾愛。
沒想到和花椰米炒製偽炒飯，口感層次讓人驚豔。
油飽蛋白質這道都包啦！

No.31

香煎綠雞塊

酮學 / 鍾佳吟　份量 / 1 人份

< 所需食材 >

雞胸肉 ...1 片
冷凍羽衣甘藍菜 ...2/3 碗
原味起司片 ...1 片
蒜頭 ...1 瓣
洋蔥 ...1/4 顆
冷凍羽衣甘藍菜 ...1/3 碗
雞蛋 ...1 顆
杏仁粉 ...50g
蓮藕粉 ...15g

< 調味料 >

海鹽 ...1.5 小匙
黑胡椒粒 ...1 小匙
椰糖 ...2 小匙
椰子油 ...1 大匙
鵝油 ...3 大匙

< 準備作業 >

❶ 雞胸肉煮熟加冷凍羽衣甘藍菜 2/3 碗，放入調理機打碎。
❷ 蒜頭去皮切末。
❸ 洋蔥去皮切塊，和冷凍羽衣甘藍菜 1/3 碗放入果汁機打成菜泥。

< 作法 >

❶ 準備一容器，放入雞胸肉和羽衣甘藍菜碎、起司片、蒜末攪拌均勻成肉餡。
❷ 再加入海鹽、黑胡椒粒、椰糖調味。
❸ 另備一容器，放入菜泥、雞蛋、杏仁粉、蓮藕粉攪拌均勻，再加入椰子油拌勻成麵糊。
❹ 備鍋加入鵝油熱鍋，取 1 湯匙麵糊鋪平，放上 1 湯匙肉餡，再淋上半匙麵糊，翻面。
❺ 用鍋鏟為壓扁成雞塊狀，小火慢煎至兩面焦香即完成。

Check!

鄭姐食話說

佳吟姐妹把速食店的雞塊變健康了！咬下去就是雞塊滋味，真是道增肌好料理。

No.32

羽衣翡翠蔬菜凍

酮學 / **鍾佳吟**　份量 / **2 人份**

< 所需食材 >

冷凍羽衣甘藍菜 ...50g
雞腳 ...8 支
豬皮 ...400g
薑 ...20g
白綠花椰菜 ...30g
玉米筍 ...3 支
紅蘿蔔、南瓜、山藥 ... 各 10g
蔥 ...1 支
辣椒 ...1 支

< 調味料 >

玫瑰鹽 ...2 小匙
沾醬：
無糖醬油 ...1 大匙
橄欖油 ...1 大匙

< 準備作業 >

❶ 冷凍羽衣甘藍菜加水 50c.c. 放入果汁機打碎過濾菜渣，只取菜汁。
❷ 薑去皮切片。
❸ 白綠花椰菜切小朵，玉米筍切小塊。
❹ 紅蘿蔔、南瓜、山藥去皮切 1 公分長條狀。
❺ 蔥切末，辣椒去蒂切末。

< 作法 >

❶ 備鍋，加入水 800c.c. 煮滾，續放入雞腳、豬皮、薑片，小火熬煮 2 小時至濃稠。
❷ 把食材撈起，過濾湯汁和油脂，只取湯汁約 500c.c. 使用。
❸ 另備一鍋，加入菜汁、湯汁煮滾，再加入玫瑰鹽調味，放涼備用。
❹ 將白綠花椰菜、玉米筍、紅蘿蔔、南瓜、山藥汆燙至熟，撈起放涼。
❺ 準備一保鮮盒，把燙熟的蔬菜擺放堆疊，再倒入煮好的菜湯汁蓋過蔬菜，蓋上蓋子冷藏一個晚上凝固即可食用。
❻ 調沾醬，取一小碗加入無糖醬油、橄欖油、蔥末、辣椒末調勻即可。

Check!

鄭姐食話說

四季都能享受的美味，視覺可口極了！咬下去都包辦膠質的營養，青蔬完勝健康概念。佳吟姐妹就是要我們吃瘦又吃漂亮滴！

No.33

豆皮蝦鬆手卷

醐學 / 簡慧如　份量 / 2 捲

< 所需食材 >

蝦仁 ...10 隻
白花椰菜米 ...100g
蔥 ...2 支
蛋白 ...1 顆
豆皮 ...4 片
海苔 ... 數片

< 調味料 >

白胡椒粉 ... 適量
鹽 ... 適量
香油 ... 少許
橄欖油 ...3 大匙
米酒 ...1 小匙

< 準備作業 >

❶ 蝦仁洗淨去腸泥擦乾，切丁。
❷ 蔥切成蔥花。

< 作法 >

❶ 將蝦仁丁加入蛋白、白胡椒粉、鹽拌勻，再滴入少許香油拌勻。
❷ 熱鍋加入橄欖油，放入調味好蝦仁丁拌炒，再加入白花椰菜米、蔥花炒勻，再加入米酒炒至乾爽。
❸ 豆皮撕開，放入鍋中煎至香脆取出。
❹ 將豆皮捲成三角狀，放入海苔，再放入炒好的餡料捲起。

Check!

鄭姐食話說

比海苔手卷還香還脆，真是大開眼界的新吃法。
減醣吃蛋白質，這道菜詮釋得極好，不用大肉吃到飽，這道料理是蛋白質好飽。
減醣逆齡的慧如姐妹，手藝極好。

MIYACO

No.34

綠花蝦餅

酮學 / 簡慧如　份量 / 1 人份

< 所需食材 >

蝦仁 ...5 ～ 6 隻
豆皮 ...2 大片
綠花椰米 ...2/3 碗
蔥 ... 少許

< 調味料 >

鹽 ...1 小匙
白胡椒粉 ... 少許
橄欖油 ...1 大匙

< 準備作業 >

❶ 蝦仁去腸泥，切碎，但保留顆粒的口感。
❷ 蔥切末。

< 作法 >

❶ 蝦仁丁放入碗中，摔打至有黏性再放入鹽、白胡椒粉調味。
❷ 再將綠花椰米、蔥末倒入碗內攪拌均勻。
❸ 取一片豆皮將作法❷鋪於上，再取一豆皮鋪於上。
❹ 煎時先用叉子或牙籤在上面戳一戳小洞，以免煎時膨脹起來。
❺ 乾煎至兩面金黃即可食用。

Check!

鄭姐食話說

這麼健康的蝦餅料理，看來全家都買單了。出自慧如姐妹的巧手，能把自己吃成逆齡 10 歲以上，減醣代言人無誤。

No.35

白花椰豆腐肉排

酮學 / **社團酮學**　份量 / **2 人份**

示範影片 >>

< 所需食材 >

豆腐肉排：

白、綠花椰菜 ... 各 20g
豬絞肉 ...300g
板豆腐 ...1 塊
香菇 ...30g
洋蔥 ...30g
紅蘿蔔 ...10g
蒜頭 ...2 瓣
乾燥百里香葉 ... 少許

醬汁：

辣椒 ...2 根
蒜頭 ...2 瓣

< 調味料 >

無糖醬油 ...3 大匙
鹽 ... 適量
白胡椒粉 ... 適量
橄欖油 ...3 大匙

醬汁：

無糖醬油 ...2 大匙
香油 ...1/2 匙
蘋果醋 ...1 大匙

< 準備作業 >

❶ 白、綠花椰菜切塊汆燙，放涼後瀝乾切碎。
❷ 香菇切末，洋蔥、紅蘿蔔、蒜頭去皮切末。
❸ 板豆腐弄碎，擠乾水分。
❹ 辣椒切碎。

< 作法 >

❶ 將豆腐肉排食材攪拌均勻，加入無糖醬油、鹽、白胡椒粉，混合均勻。分成四等份，揉成圓球狀壓扁。
❷ 熱鍋放入橄欖油，放入豆腐排煎至兩面金黃定型。
❸ 調製辣椒蒜香醬汁，無糖醬油、香油、蘋果醋、辣椒碎、蒜末，將所有材料混合拌勻。
❹ 煎好的豆腐排淋上調好醬汁，續煎至豆腐吸附湯汁呈現油亮感就可起鍋。

Check!

鄭姐食話說

減醣吃蛋白質，非吃過多的肉才是吃蛋白質，總覺膩。
這道料理的蛋白質聰明配置，讓豆肉料理合宜的清爽。
這位社團酮學熱愛健身，這道蛋白質增肌有功喔！

No.36

糯米椒鑲肉

酮學 / 社團酮學　份量 / 2 人份

< 所需食材 >

白花椰米 ...50g
糯米椒 ...6 支
豬絞肉 ...50g
雞蛋 ...1 顆

< 調味料 >

無糖醬油 ...1/2 小匙
鹽 ... 適量
白胡椒粉 ... 適量
特調醬汁：
醬油膏 ...2 大匙
香油 ...2 小匙
黑醋 ...2 小匙

< 準備作業 >

❶ 無糖醬油醃豬絞肉，蛋入鹽、白胡椒粉。
❷ 糯米椒切段挖空。

< 作法 >

❶ 將豬絞肉、蛋液、花椰菜米攪拌均勻，塞入糯米椒內。
❷ 放入電鍋蒸熟即可。
❸ 調製特調醬汁，將所有食材拌勻即可。

Check!

鄭姐食話說

糯米椒是專吃減肥的蔬菜，佐以花椰米肉餡概念，填滿糯米椒，淋上特調醬汁。
這可以吃上 10 條，還不怕胖了。

示範影片 >>

No.37

白綠花椰燴海鮮

酮學 / 社團酮學　份量 / 2 人份

< 所需食材 >

白花椰菜 ...60g
綠花椰菜 ...60g
蝦仁 ...10 隻
透抽 ...1 隻
蛤蜊 ...10 顆
洋蔥 ...1/4 顆
蒜頭 ...3 瓣
蘑菇 ...3 朵
秀珍菇 ... 適量
小黃瓜絲 ... 適量
木耳絲 ... 適量
紅蘿蔔絲 ... 適量

< 調味料 >

橄欖油 ...1 大匙
無糖醬油 ...1 大匙
白胡椒粉 ... 適量
海鹽 ... 適量

< 準備作業 >

1. 製作白花椰菜芡汁：白花椰菜取 10g 加入 20c.c. 水，放入果汁機內打勻備用。
2. 白綠花椰菜切小朵， 汆燙至熟。
3. 蝦仁洗淨去腸泥。
4. 透抽洗淨切圓圈狀。
5. 蛤蜊泡鹽水吐沙。
6. 洋蔥去皮切絲，蒜頭去皮切末。

< 作法 >

1. 熱鍋下橄欖油，放入蒜末、洋蔥絲炒香，再放入蘑菇片炒香。
2. 加入 30c.c. 水，放入秀珍菇、小黃瓜絲、木耳絲、紅蘿蔔絲拌炒均勻。
3. 再放入海鮮炒至熟，加入白花椰菜芡汁炒勻。
4. 續放入燙熟的白綠花椰菜，起鍋前加入無糖醬油、白胡椒粉、海鹽拌炒均勻。

Check!

鄭姐食話說

想要勾芡的燴感，又要避免肥滿自己的身材，以花椰菜做濃稠醬汁，就是很好的替代方式！有燴湯美味的概念！

花椰豬肉鮮蝦千張餃

醐學 / **邱珮綺**　份量 / **3～4 人份**

示範影片 >>

< 所需食材 >

豬絞肉 ...300g
鮮蝦 ...150g（去殼後淨重）
綠花椰菜 ...300g
千張 ...40 張
青蔥 ...2 支
薑 ...3 片
清水 ...100c.c.

< 調味料 >

肉餡：
無糖醬油 ...1 大匙
白胡椒粉 ...1/2 匙
玫瑰鹽 ... 適量
香油 ...1 小匙

紅油醬汁：
無糖醬油 ...2 大匙
香油 ...1/2 匙
白醋 ...1 大匙
椰糖 ...1/2 匙
花椒辣油 ...2 大匙

< 準備作業 >

❶ 綠花椰菜洗淨切塊。
❷ 蝦仁洗淨去腸泥切約 1 公分大小。
❸ 蔥切段。

< 作法 >

❶ 鍋中放入清水、鹽大火燒開，放入綠花椰菜汆燙 2 分鐘，撈起浸泡冷水瀝乾水分切碎。
❷ 蔥段、薑片、清水放入果汁機打勻成泥，倒出來過濾成蔥薑水。
❸ 豬絞肉放入鍋中加入肉餡調味料攪拌至有黏性，有點毛邊的感覺。
❹ 分 3 次加入蔥薑水，使用筷子朝同一方向畫圓圈，拌勻（此方法可以讓餡料均勻地吸收蔥薑水）。
❺ 再依序加入蝦仁塊、綠花椰菜末混合拌勻。
❻ 取千張包入適量餡料，千張沒有黏性可隨意包覆，待餡料水分與千張結合就不會散開。
❼ 燒一鍋熱水汆燙千張餃至熟，也可用電鍋蒸熟。
❽ 製作紅油醬汁，將所有材料拌勻即可做醬汁沾著吃。

Check!

鄭姐食話說

千張餃的風潮未歇，減醣者的美味替代，滿足對吃餃子餛飩的期待，愛吃多少做多少，冷凍保存想吃簡單水煮一餐飽，配個青蔬恰恰好！
調個紅油抄手醬，我也在鼎 x 豐囉！
佩綺姐妹的巧手愛做，也成功擄獲老公減醣的味蕾喔！

No.39

雞肉什錦蔬菜餅

酮學 / 社團酮學　份量 / 1 人份

< 所需食材 >

豆腐皮（千張）...2 張
胡蘿蔔、小黃瓜、洋蔥、白花椰 ... 各 20g
雞胸肉 ...100g
板豆腐 ...1 塊
雞蛋 ...1 顆

< 調味料 >

白胡椒粉 ... 適量
海鹽 ... 適量
無糖醬油 ...1 大匙
橄欖油 ...1 大匙

< 準備作業 >

❶ 紅蘿蔔去皮切絲。
❷ 小黃瓜、洋蔥切絲。
❸ 白花椰菜洗淨切碎。
❹ 雞胸肉切丁。
❺ 板豆腐捏碎。

< 作法 >

❶ 以調理機將雞胸肉打成雞肉泥（或手剁碎成雞肉泥）。
❷ 備碗，放入雞肉泥、板豆腐，入雞蛋、白胡椒粉、海鹽、無糖醬油攪拌均勻。
❸ 備鍋入橄欖油，放入紅蘿蔔絲、洋蔥絲、小黃瓜絲、花椰菜碎稍微炒香備用。
❹ 取 2 片千張皮平鋪，將雞肉豆腐泥抹平在千張皮上，再將蔬菜鋪於肉豆腐泥上，捲成餅狀。
❺ 可用蒸鍋蒸熟或下油鍋再煎熟皆可。

Check!

鄭姐食話說

社團酮學，無麵粉不成餅，無餅不歡，是這樣嗎？
這道餅兒就是無麵粉製成，滿足超級無敵想吃餅的殘念，我打算清冰箱時，就來個餅兒，犒賞自己。
切記用上 2 ～ 3 千張皮，餅皮破損機率低。

No.40

翡翠花椰雞肉卷

酮學 / 社團酮學　份量 / 2 人份

＜所需食材＞

高麗菜 ...1 顆
雞胸肉 ... 半副
蝦仁 ...10 隻
紅蘿蔔 ...20g
花椰菜 ...50g
蔥 ...1 根
薑 ...10g
洋蔥 ...1/4 顆
辣椒 ...1 根

＜調味料＞

米酒 ...2 小匙
肉餡：
無糖醬油 ...1 大匙
玫瑰鹽 ... 適量
白胡椒粉 ... 適量
醬汁：
黑醋 ...1/2 大匙
無糖醬油 ...1 大匙
芝麻油 ... 少許

＜準備作業＞

❶ 將高麗菜葉一片一片取下。
❷ 煮一鍋熱水，放入高麗菜葉燙至半熟，撈起瀝乾，放涼備用。
❸ 花椰菜切碎，紅蘿蔔去皮切末。
❹ 蝦仁洗淨去腸泥，加入米酒 10c.c.，醃漬 5 分鐘。
❺ 蔥切段，薑切片。
❻ 洋蔥去皮切丁，辣椒切碎。

＜作法＞

❶ 調理機中放入雞胸肉、蝦仁、蔥段、薑片打成泥。
❷ 加入切好的花椰菜末、紅蘿蔔末拌勻，再加入無糖醬油、黑醋、玫瑰鹽、白胡椒粉調味成肉餡。
❸ 放涼高麗菜葉鋪平，放入適量肉餡捲起，放入電鍋蒸約 15 分鐘，取出切塊盛盤。
❹ 調製醬汁，洋蔥丁、辣椒碎、黑醋、無糖醬油，將所有材料混合拌勻即做沾醬使用。

Check!

鄭姐食話說

社團酮學的減重最愛菜色，她說減醣飲食後，味覺越感清澈，反而喜歡清淡口味，這道翡翠花椰雞肉卷，是百吃不厭的拿手好菜，連家人小娃兒都買單。
2 個月達陣 11 公斤是這樣吃出來的呀！太強了！

No.41

鮭魚洋蔥圈（惜福餐）

酮學 / 鄭慶雯　份量 / 3 人份

< 所需食材 >

花椰菜米 ...100g
鮭魚 ...100g
洋蔥 ...1 顆

< 調味料 >

橄欖油① ...2 大匙
橄欖油② ...1.5 大匙
黑胡椒粒 ... 適量
海鹽 ... 適量

< 準備作業 >

❶ 洋蔥去皮切圓圈狀，約 1.5 公分厚，將中間拿掉一些。
❷ 將剩餘洋蔥切丁。

< 作法 >

❶ 熱鍋，放入橄欖油①、洋蔥圈稍微油煎。
❷ 將鮭魚煎熟，掠成碎片備用。
❸ 熱鍋下橄欖油②再下海鹽、黑胡椒粒，放入洋蔥丁、花椰菜米拌炒至水分收乾，加入無糖醬油、鮭魚碎炒勻。
❹ 調味完後，起鍋放入洋蔥圈中即可完成。

鄭姐食話說

這是惜福版，吃剩下的鮭魚，再佐以變化成精緻料理。
偶然的西式料理發想，就成就了這道精緻料理！
賢慧主婦的清冰箱料理概念，一樣減醣的料理。

PART 3
湯粥

No.42

鯛魚花椰濃湯

酮學 / 社團酮學　份量 / 1 人份

< 所需食材 >

白花椰菜 ...200g
鯛魚 ...200g
蘑菇 ...3 朵
干貝 ...1 顆
大骨湯 ...200c.c.
馬鈴薯 ...50g
薑 ...10g

< 調味料 >

椰子油 ...1 大匙
橄欖油 ...1 小匙
玫瑰鹽 ... 適量
黑胡椒粒 ... 適量
義式香料 ... 少許

< 準備作業 >

❶ 白花椰菜洗淨切碎。
❷ 鯛魚、蘑菇洗淨切丁。
❸ 馬鈴薯去皮切丁。
❹ 薑洗淨切末。

< 作法 >

❶ 備鍋加入椰子油，加入蘑菇丁、鯛魚丁、馬鈴薯丁煎至熟透起鍋，再放入干貝煎熟起鍋備用。
❷ 不洗鍋，加入橄欖油，煸香薑末，加入花椰菜碎、大骨湯煮至花椰菜軟，關火。
❸ 準備果汁機，加入熟透的蘑菇丁、鯛魚丁、馬鈴薯丁、花椰菜大骨湯，打碎。
❹ 再回鍋煮滾，加入玫瑰鹽、黑胡椒粒調味，起鍋裝盤，再放入干貝裝飾，撒上義式香料即完成。
❺ 也可以加點壓碎核桃，口感會更好哦。

Check!

鄭姐食話說

濃湯總是和麵糊劃上等號是嗎？
減醣天空下的濃湯，以白花椰菜 + 馬鈴薯的濃稠細密感，也很滑潤喔！
這道高蛋白的鯛魚濃湯，晚餐簡單吃的好料理，社團姐妹因為要照顧家人的用心，進而成為對減醣料理的控醣好手，愛家人的心意，實踐料理功夫最實際。

No.43

丸子花椰濃湯

酮學 / 黃雅停　份量 / 1 人份

< 所需食材 >

白花椰菜 ...100g
南瓜肉 ...50g
大骨湯 ...100c.c.
豬絞肉 ...100g
青蔥 ...1 支
酸奶酪 ...1 大匙

< 調味料 >

義式香料 ...1/4 小匙
白胡椒粉 ...1/4 小匙
無糖醬油 ...1 大匙
玫瑰鹽 ... 適量

< 準備作業 >

❶ 白花椰菜洗淨切碎，南瓜切小塊。
❷ 白花椰菜、南瓜放入電鍋，外鍋 1 杯水蒸熟，放入果汁機中打成泥。
❸ 青蔥洗淨切末。

< 作法 >

❶ 準備一容器，加入豬絞肉、青蔥末攪拌均勻，加入義式香料、白胡椒粉、無糖醬油調味。
❷ 肉丸子可以先放入冰箱 30 分鐘，再拿出來塑型成圓球狀，冰過會較有黏性，較好塑型。
❸ 備鍋煮一滾水，放入肉丸子汆燙至熟，撈起備用。
❹ 花椰菜南瓜泥加入大骨湯，煮滾，加入玫瑰鹽調味，再放入煮好的肉丸子煮滾。
❺ 食用前，加上酸奶酪增添風味。

Check!

鄭姐食話說

南瓜白椰花菜就是絕妙濃湯底組合，自家料理不爆碳，肉丸子來添飽，不違和創意吃法，一餐就很飽！
雅停姐妹是低碳前輩，對減醣料理也頗有研究，做的料理總有驚豔喔！

No.44

南瓜白椰濃湯

醐學 / 黃雅停　份量 / 1 人份

< 所需食材 >

白花椰菜 ...100g
洋蔥絲 ...50g
蘑菇片 ...30g
南瓜塊 ... 適量

< 調味料 >

奶油 ...20g
義式香料 ... 少許
海鹽 ... 少許

< 準備作業 >

❶ 以乾鍋炒香蘑菇備用。
❷ 以奶油炒洋蔥絲至焦香備用。
❸ 白花椰菜連梗，一起以水煮熟，瀝乾備用。
❹ 南瓜塊煮熟，切絲備用。

< 作法 >

❶ 將所有食材以調理機加入適量水，打勻喜愛的稠度，再就鍋加熱入海鹽調味，佐上南瓜絲，即可。

Check!

鄭姐食話說

全南瓜的澱粉似乎太濃郁，融入白花椰漿，濃淡恰好，口感清爽不膩，屬減醣濃湯概念，喝完會想再續碗耶！

No.45

什錦蔬菜排骨粥

醐學 / 宋曉萱　份量 / 2 人份

< 所需食材 >

白花椰菜 ...400g
高麗菜 ...200g
南瓜 ...300g
洋蔥 ...1/2 顆
排骨（子排有帶油花的）...500g
大骨湯 ...1000c.c.
冷凍羽衣甘藍菜 ...200g
燕麥麩皮 ...100g
香菜 ...1 支

< 調味料 >

橄欖油 ...1 大匙
海鹽 ... 適量

< 準備作業 >

❶ 白花椰菜取花蕊的地方切碎，高麗菜洗淨切絲。
❷ 南瓜帶皮、去籽、切小塊，洋蔥切丁。
❸ 排骨洗淨，汆燙去血水，撈起洗淨。
❹ 香菜洗淨切碎。

< 作法 >

❶ 準備陶瓷深鍋，加入橄欖油，放入洋蔥丁、南瓜丁，中火拌炒至飄香。
❷ 再加入大骨湯、排骨中火煮滾，再轉成小火燜煮 1 小時。
❸ 加入高麗菜絲、羽衣甘藍菜、花椰菜碎，小火燜煮 10 分鐘。
❹ 最後加入燕麥麩皮拌勻，再用海鹽調味，起鍋前再撒上香菜。

Check!

鄭姐食話說

別看這碗料沒啥，好吃到要續碗無罪惡感，燕麥麩皮加白花椰菜，就是米粥的口感。不升醣的什錦蔬菜排骨粥，厲害！

No.46

花椰毛豆濃湯

醧學 / **鄭慶雯**　份量 / **1 人份**

< 所需食材 >

白花椰菜 ...100g
毛豆仁 ...30g
腰果 ...5g
洋蔥 ...1/5 顆
雞高湯 ...300c.c.
藜麥 ...5g

< 調味料 >

橄欖油 ...1 小匙
海鹽 ... 適量
黑胡椒粒 ... 適量

< 準備作業 >

❶ 白花椰洗淨。
❷ 洋蔥去皮切絲。
❸ 腰果泡溫水軟化。
❹ 藜麥煮熟後，乾鍋炒酥。

< 作法 >

❶ 將白花椰菜、毛豆仁入蒸鍋蒸熟，備用。
❷ 再取一個炒鍋，入橄欖油炒洋蔥絲至焦軟後備用。
❸ 將以上（1 ＋ 2）加入腰果、雞高湯，以調理機打勻，再倒入湯鍋加熱煮滾即熄火，可撈出浮末為宜。
❹ 加入海鹽調味，盛入湯碗後，撒上藜麥酥或堅果酥、黑胡椒粒。

Check!

鄭姐食話說

這道濃湯肯定是走高蛋白路線。
白花椰菜已成就濃湯基底，腰果再來得更濃郁。
毛豆、藜麥和雞湯貢獻的蛋白質營養，肯定為減醣吃蛋白概念。

No.47

皮蛋瘦肉花椰米粥

醐學 / 鄭慶雯　份量 / 1 人份

<所需食材>

皮蛋 ...1 顆
白花椰菜 ...50g
羽衣甘藍菜 ...20g
燕麥麩皮 ...30g
豬絞肉 ...50g
青蔥 ...1 支
薑 ...2 片

<調味料>

橄欖油 ...1 小匙
無糖醬油 ...1 小匙
白胡椒粉 ... 適量
海鹽 ... 適量

<準備作業>

❶ 白花椰菜洗淨，煮熟，放入調理機打成泥。
❷ 羽衣甘藍菜入調理機打成泥漿狀。
❸ 青蔥切絲，蔥白、蔥綠各自備用。
❹ 薑切絲。
❺ 皮蛋去殼切丁。

<作法>

❶ 備鍋放入橄欖油輕爆薑絲、蔥白，再入豬絞肉炒香，加入無糖醬油炒至入味。
❷ 加入適量水分、海鹽、白花椰泥煮滾，熄火。
❸ 再放入燕麥麩皮，和著湯汁泡軟，倒入羽衣甘藍菜泥，置上皮蛋丁，撒上白胡椒粉、蔥綠即可。

Check!

鄭姐食話說

最經典粥品，當屬皮蛋瘦肉粥，從來就只撈皮蛋吃，不敢吃米粥，現在煮一碗獨享，燜越久越好吃，口感很真的像粥！
記得松花皮蛋更添美味喔！羽衣甘藍菜更添加粥湯營養。

No.48

奶油蘑菇培根濃湯

酮學 / 鄭慶雯

份量 / 1 人份

< 所需食材 >

白花椰菜 ...50g
洋蔥 ...1/5 顆
蘑菇 ...3 朵
腰果 ...5 顆
培根 ...1 片

< 調味料 >

乾燥月桂葉 ...1 片
無鹽奶油 ...10g
橄欖油 ...1 大匙
海鹽 ... 適量
鮮奶油 ...10c.c.
黑胡椒粒 ... 適量

< 準備作業 >

❶ 白花椰洗淨，放入月桂葉，約 50c.c. 水燉煮熟（視自己喜愛的濃度增減水量，屬湯底概念）。
❷ 洋蔥去皮切絲。
❸ 蘑菇切片。
❹ 腰果泡水軟化。

< 作法 >

❶ 備鍋，乾炒蘑菇至香味四溢，取出備用。
❷ 培根片以無鹽奶油乾煎至酥脆，取出備用。
❸ 備鍋放入橄欖油（或奶油煎培根剩下的油），加入洋蔥絲炒至焦軟，再放入蘑菇片拌炒。
❹ 備湯鍋，倒入炒香的洋蔥蘑菇、煮熟白花椰菜湯、腰果，煮滾後放入海鹽調味，再以調理棒打勻。
❺ 盛碗濃湯，再佐培根片，淋上鮮奶油，撒上黑胡椒粒享受囉！

鄭姐食話說

誰說奶油濃湯一定要馬鈴薯泥才做的出來呢！
白花椰的稠、腰果的濃、洋蔥的甜、蘑菇的糊，完勝減醣天空下的奶油濃湯滋味。
老少都買單囉！

No.49

鮮奶油蕃茄蔬食濃湯

酮學 / 鄭慶雯　份量 / 1 人份

< 所需食材 >

白花椰菜 ...100g
牛蕃茄 ...1 顆
紅椒 ...1/3 個
西芹 ...30g
洋蔥 ...1/2 顆
蘑菇 ...2 個
蒜片 ... 少許

< 調味料 >

橄欖油 ... 適量
奶油 ...10g
雞高湯（清水）...300c.c.
鮮奶油 ...50c.c.

< 準備作業 >

❶ 白花椰洗淨切碎，牛蕃茄切丁。
❷ 西芹、紅椒洗淨備用。
❸ 洋蔥去皮切丁、蘑菇切片。

< 作法 >

❶ 備一鍋水，滴適量橄欖油將白花椰末、牛蕃茄丁、西芹、紅椒煮熟至軟化。
❷ 備鍋入奶油炒香洋蔥丁、蒜片、蘑菇片備用。
❸ 將**作法❶＋作法❷**，加入雞高湯以調理機打勻（亦可使用調理棒）。
❹ 加熱後盛入碗中，加入鮮奶油，更添奶香味。

Check!

鄭姐食話說

就是想喝個奶素蔬食蕃茄濃湯，清清爽爽，清腸又輕盈身體，白花椰的稠感一樣滑潤順口，飽足感十足。

No.50

鮮奶油羽衣甘藍濃湯

酮學 / 鄭慶雯　份量 / 1 人份

< 所需食材 >

白花椰菜 ...50g
羽衣甘藍 ...100g
洋蔥 ...1/2 顆
蘑菇 ...3 顆
蒜頭 ...2 瓣
起司 ...1 片（帕馬森起司）
西洋芹 ...20g

< 調味料 >

奶油 ...20g
雞高湯（清水）...300c.c.
海鹽 ... 適量
鮮奶油 ...10c.c.
百里香末 ... 適量

< 準備作業 >

❶ 白花椰菜洗淨切丁，羽衣甘藍洗淨切碎備用。
❷ 洋蔥去皮切丁、西洋芹切丁。
❸ 蘑菇、蒜頭切片。

< 作法 >

❶ 備鍋入奶油炒香洋蔥丁、蒜片、蘑菇片。
❷ 續加入白花椰丁、羽衣甘藍末入雞高湯，再加海鹽煮熟至軟爛。
❸ 將**作法❷**以調理棒打成泥，用小火煮開後入起司片，融化後熄火。
❹ 最後加入鮮奶油後撒上百里香末添香。

Check!

鄭姐食話說

超級食物的羽衣甘藍，煮成濃湯，真的是最好吸收的 100 分吃法。
低碳的料理方式，讓人多喝一碗都覺得無負擔，羽衣甘藍菜喝完都覺得是女超人了！

No.51

綠花椰腰果濃湯

酮學 / 鄭慶雯　　份量 / 1 人份

< 所需食材 >

綠花椰菜 ...100g
腰果 ...5 顆
洋蔥 ...1/5 顆
燕麥麩皮 ...30g

< 調味料 >

橄欖油 ...1 大匙
海鹽 ... 適量
雞高湯 ...300c.c.
起司粉 ... 適量
黑胡椒粒 ... 適量
義式香料 ... 少許

< 準備作業 >

❶ 綠花椰菜洗淨煮熟。
❷ 洋蔥去皮切絲。
❸ 腰果泡軟。

< 作法 >

❶ 熱鍋，放入橄欖油、洋蔥絲炒至焦軟，取出備用。
❷ 取一湯鍋，放入煮熟的綠花椰菜、腰果、焦軟洋蔥、燕麥麩皮，入雞高湯、海鹽煮滾。
❸ 稍涼後放入調理機中打勻成濃湯。
❹ 盛入碗中，加入起司粉拌勻，撒上黑胡椒粒、義式香料即可。

Check!

鄭姐食話說

綠色濃湯非只有常見的菠菜濃湯專屬。
綠花椰的濃稠兼備，因洋蔥加腰果及燕麥麩皮即成濃湯底，剩下的香味詮釋，就讓起司粉來引領妳的鼻尖繞繞囉！擄獲奶蛋蔬食者的胃吧！

No.52

地瓜花椰米粥

醐學 / **鄭慶雯**　份量 / **1 人份**

< 所需食材 >

地瓜 ...50g
白花椰菜 ...100g
燕麥麩皮 ...20g
核桃 ...5 顆
薑 ...2 片

< 調味料 >

海鹽

< 準備作業 >

❶ 地瓜去皮和薑片一起煮熟。
❷ 白花椰菜洗淨煮熟。
❸ 留一小塊地瓜切小丁。

< 作法 >

❶ 將煮熟地瓜（薑片取出）、煮熟白花椰菜、燕麥麩皮、核桃放入調理機中打成碎泥狀。
❷ 備鍋，倒入**作法❶**，加入水 300c.c. 加熱煮滾，盛入碗中，放上熟地瓜丁，撒些海鹽，拌勻即可食。

Check!

鄭姐食話說

有多想念清粥小菜的地瓜米粥呀！
這道我想解饞的替代首選，我真心覺得沒有欺騙我的味蕾。
減醣者肯定沒有罪惡感的扒 2 碗，還不擔心升醣。

PART 4
烘焙、飲品

白花椰蔬菜餅乾

醐學 / 鍾佳吟　份量 / 1 人份

< 所需食材 >

白花椰菜 ...150g
無鹽奶油 ...80g
雞蛋 ...1 顆
杏仁粉 ...280g
燕麥麩皮 ...80g
鹹蛋黃 ...1 顆
薑黃粉 ...2 小匙

< 調味料 >

泡打粉 ...2 小匙
海鹽 ...2 小匙
白胡椒粉 ...1 小匙
黑胡椒粉 ...1 小匙

< 準備作業 >

❶ 白花椰菜洗淨切碎，放入調理機中打成泥，過濾水分，稍微壓乾。

❷ 鹹蛋黃蒸熟或烤熟，壓碎。

< 作法 >

❶ 烤箱預熱 15 分鐘，上下火約 150℃ 。

❷ 備一容器，加入白花椰菜泥、無鹽奶油、雞蛋、杏仁粉、燕麥麩皮攪拌均勻。

❸ 再加入泡打粉、海鹽、白胡椒粉、黑胡椒粉，拌勻成糰。

❹ 將麵糰分成三等份，並製作成三種口味（原味、鹹蛋黃、薑黃），一份加入鹹蛋黃、一份加入薑黃粉，揉成三種顏色的麵糰。

❺ 把麵糰放入透明塑膠袋中擀開，約 0.3 公分厚度，放冷凍冰 1 小時，取出放在烤盤上用刀切割成三角形或是四方形（也可以用餅乾模具壓出喜歡的造型）。

❻ 進烤箱，烤 35 分鐘出爐。

❼ 可以將白花椰菜糰改成羽衣甘藍菜，也是一樣打成泥擠乾水分，其他作法一樣。

Check!

鄭姐食話說

無麵粉製作已經很神奇了，保證吃不出有花椰菜元素，如此不違和的零嘴，真的驚為天人，一樣有脆有香還有高纖維的營養，真的很解想吃餅乾的饞！
佳吟姐妹精巧手作，來試試看吧！

No.54

羽衣脆皮蛋塔

酮學 / **鍾佳吟**　份量 / **5 個**

＜所需食材＞

塔皮：
- 羽衣甘藍菜泥 ...100g
- 無鹽奶油 ...50g
- 杏仁粉 ...180g
- 燕麥麩皮 ...50g
- 雞蛋 ...1 顆
- 椰糖 ...20g
- 泡打粉 ...1 小匙

內餡：
- 羽衣甘藍菜汁 ...100g
- 牛奶 ...110g
- 赤藻糖醇 ...60g

雞蛋 ...3 顆

＜所需模具＞

蛋塔模 ...5 個

＜準備作業＞

❶ 生的羽衣甘藍菜 100g ＋ 水 100c.c. 打成汁，過濾菜泥跟菜汁備用。

＜作法＞

❶ 準備一容器，放入塔皮材料，拌勻成糰置於塑膠袋中，放冰箱冷藏 1 小時。

❷ 取出冷藏好的塔皮麵糰，擀成 0.5 公分厚度，入塔模輕輕整型，做成塔皮。

❸ 烤箱預熱上下火 150℃，15 分鐘，將塔皮放入烤箱烤 25 分鐘，烤好取出放涼。

❹ 另取一容器，放入內餡材料攪拌均勻，小火加熱至赤藻糖醇融化即可。

❺ 將 3 顆全蛋打勻加入**作法❹**，快速攪拌後，過篩 3 次。

❻ 烤好放涼的塔皮加入蛋液約 9 分滿，放入烤箱上下火 170℃ 烤 25 分鐘，表面微焦即可。

Check!

鄭姐食話說

佳吟姐妹把蛋塔皮健康了，完全是無麩質減醣概念。甜食控、烘焙好手，趕快照著食譜來做吧！

太極鹹派

酮學 / 鍾佳吟　份量 / 4 人份

< 所需食材 >

派皮：
- 杏仁粉 ...100g
- 燕麥麩皮 ...50g
- 無鹽奶油 ...70g
- 椰糖 ...30g
- 核桃…25g（切碎）

白餡：
- 白花椰菜 ...150g
- 杏仁粉 ...30g
- 燕麥麩皮 ...30g
- 無鹽奶油 ...25g
- 玫瑰鹽 ...1.5 小匙
- 白胡椒粉 ... 適量

綠餡：
- 羽衣甘藍菜 ...150g
- 杏仁粉 ...30g
- 燕麥麩皮 ...30g
- 無鹽奶油 ...25g
- 玫瑰鹽 ...1.5 小匙
- 白胡椒粉 ... 適量

原味起司片 ...2 片
泡菜 ... 適量

< 所需模具 >

8 吋派盤 ...1 個

< 準備作業 >

❶ 將白花椰菜加少許水（只要加到打得動即可），放入果汁機打成泥狀，過濾掉水分（不用擠乾）。

❷ 羽衣甘藍菜同上作法。

< 作法 >

❶ 備一容器，加入白花椰菜泥、杏仁粉、燕麥麩皮、無鹽奶油、玫瑰鹽、白胡椒粉，攪拌均勻即完成白餡。

❷ 綠餡也一樣作法，只是把白花椰菜換成羽衣甘藍菜。

❸ 先預熱烤箱上下火 200℃，20 分鐘。

❹ 將派皮材料全部拌勻成糰，桌面鋪上一層保鮮膜，放上麵糰再蓋上一層保鮮膜。

❺ 使用擀麵棍將麵糰擀開，要比派模大一點，把上層保鮮膜拿掉，蓋上一張烘焙圓形底紙，再將派模倒放。

❻ 將派皮連同派模一起翻面，如此一來派皮就會在派模中了，再利用保鮮膜把派皮按壓整型。

❼ 放入烤箱烤 10 分鐘左右，取出時會膨脹，可以拿湯匙輕輕壓整，放涼約 5 分鐘，烤箱不關。

❽ 在派皮上鋪上起司片，再放入白、綠餡料，整型，放入烤箱上下火 170℃ 烤 20 分鐘後，下火調成 150℃ 再烤 15 分鐘。

❾ 出爐後，尖刀輕刮邊緣幫助脫模，切小塊即完成，建議搭配泡菜一起食用。

Check!

鄭姐食話說

很驚喜的鹹派，鄭姐看到都不捨下手。咬她一口，蛋香混奶油，香噴誘人，烘焙好手，千萬別錯過。

No.56

鹹蛋糕

酮學 / **羅金梅**　份量 / **2 人份**

< 所需食材 >

冷凍羽衣甘藍菜 ...200g
燕麥麩皮粉 ...200g
榛果粉 ...50g
洋車前子 ...20g
無鹽奶油 ...60g
雞蛋 ...4 顆
五花絞肉 ...30g
蔥油酥 ... 適量

< 調味料 >

無糖醬油 ...4 大匙
椰子油 ...60g
玫瑰鹽 ... 適量

< 作法 >

❶ 備鍋加入五花絞肉、蔥油酥炒香，加入無糖醬油、適量玫瑰鹽滷爛，起鍋備用。
❷ 冷凍羽衣甘藍菜、無鹽奶油、雞蛋、椰子油放入調理機中攪拌均勻。
❸ 再加入燕麥麩皮粉、榛果粉、洋車前子一起拌均勻。
❹ 將電鍋內鍋鋪進烘焙紙，倒入麵糊，放入電鍋外鍋 2 杯水，蒸熟。
❺ 取出蛋糕，表面鋪上滷肉，外鍋半杯水，再蒸一次即可。

Check!

鄭姐食話說

話說鹹蛋糕是名產好物，鹹甜滋味，讓人想吃更多。金梅姐妹是來拯救減醣瘦身者的女神了，學起來，開心吃不會胖。

No.57

偽金沙巧克力

酮學 / 鍾佳吟　份量 / 5 人份

< 所需食材 >

白花椰菜 ...130g
燕麥麩皮 ...30g
赤藻糖醇 ...30g
核桃 ...20g
杏仁果① ...20g
100％黑巧克力 ...20 片
杏仁果② ...15 顆

< 準備作業 >

❶ 白花椰菜切碎，放入調理機打成末。
❷ 核桃 20g、杏仁果①切碎。

< 作法 >

❶ 烤箱預熱上下火 160℃，15 分鐘。
❷ 白花椰菜末、燕麥麩皮、赤藻糖醇混合拌勻。
❸ 取一小球中心包入杏仁果②（也可以包夏威夷果等），以按壓的方式捏成圓形。
❹ 表面沾滿核桃杏仁果碎，放上烤盤，進烤箱烤 30 分鐘出爐。
❺ 巧克力隔水加熱融化，將烤好的金沙球裹上巧克力，表面再撒上堅果碎，放涼即完成。

Check!

鄭姐食話說

我的發想，佳吟姐妹來圓滿，沒想到還能有金莎巧克力品嘗！
巧克力控，準備報到囉！

示範影片 >>

No.58

花椰米披薩

醐學 / 陳春木　份量 / 2 人份

< 所需食材 >

花椰菜米 ...150g
雞蛋 ...1 顆
杏仁粉 ...20g
披薩乳酪絲 ... 適量
蕃茄麵醬 ...3 大匙
櫛瓜 ...50g
小蕃茄 ...5 顆
莫札瑞拉起司 ...15g

< 調味料 >

鹽 ...1 小匙
黑胡椒粉 ...1 小匙
紅椒粉 ... 適量
義大利香料粉 ... 適量
蒜粉 ... 適量

< 準備作業 >

❶ 櫛瓜切片。
❷ 小蕃茄洗淨去蒂切片。
❸ 莫札瑞拉起司切小塊。

< 作法 >

❶ 烤箱預熱上下火 200℃ ，約 15 ～ 20 分鐘。
❷ 熱鍋，倒入花椰菜米炒至水分收乾，放涼備用。
❸ 放涼花椰菜米加入雞蛋、乳酪絲、杏仁粉拌勻，再加入鹽、黑胡椒粉、義大利香料粉、蒜粉調味。
❹ 烤盤鋪上烘焙紙，放上拌勻的花椰菜餅皮，用湯匙輕整成圓形。
❺ 放入烤箱烤 15 ～ 20 分鐘。
❻ 烤好後將蕃茄麵醬均勻塗在餅皮上，依序放上櫛瓜片、小蕃茄片、莫札瑞拉起司，再放入烤箱上下火 180℃ ，烤 5 ～ 10 分鐘至金黃。

Check!

鄭姐食話說

這道料理，簡直是禮物來滴，真心吃到大鳴大放，把喜歡的料通通擺上去，莫札瑞拉豪邁重量撒，瑪格麗特的滋味，完全不在夢裡！蕃茄麵醬可自由更換口味，如白醬、青醬、酪梨醬等。
烤箱溫度及時間請依各烤箱功率調整。

No.59

花椰綠拿鐵

醐學 / 鄭慶雯　　份量 / 1 人份

< 所需食材 >

白花椰 ...50g
羽衣甘藍 ...20g
（其他綠蔬皆可）
蘋果 ...1/3 顆
百香果 ...1 顆
乾燥老薑片 ...2 片
綜合堅果 ... 適量
海帶芽 ... 數片
黑芝麻粉 ...20g
蛋白粉 ...10g

< 準備作業 >

1. 白花椰菜煮熟。
2. 稍汆燙羽衣甘藍。
3. 蘋果切丁，百香果挖果肉。
4. 綜合堅果泡水軟化。
5. 乾燥老薑片泡熱水，泡 15 分鐘或煮開後燜 5 分鐘（去薑片只取薑片水）。

< 作法 >

1. 將所有食材放入調理機中，加入約 200ml 薑片水，打勻即可。

Check!

鄭姐食話說

這道花椰綠拿鐵，是來破除冷吱吱的生冷涼菜綠拿鐵。
我以過去社區大學生機飲食課程的教學基礎，重新以白花椰菜做基底定位，不冷涼，超級營養，又飽足感，打這杯拿鐵，保妳不成為枝仔冰美人兒！

No.60

南瓜薑黃拿鐵

酮學 / 鄭慶雯　　份量 / 1 人份

< 所需食材 >

白花椰菜 ...50g
南瓜 ...30g
薑黃粉 ...1g
無糖豆漿 ... 約 200 ～ 300ml
無花果 ...3 顆
綜合堅果 ... 適量
海帶芽 ...2 片
蛋白粉 ...10g

< 準備作業 >

❶ 白花椰菜、南瓜都蒸熟。
❷ 綜合堅果及無花果泡水軟化。

< 作法 >

❶ 將所有食材放入調理機中，加入豆漿，打勻即可。

Check!

鄭姐食話說

黃色的溫暖，食慾感滿滿，有照顧骨關節概念喔！
這杯可以飽到天靈蓋，身體暖暖心也暖，薑黃和南瓜的調性，身體會知道！

No.61

百香木鱉果拿鐵

酮學 / 鄭慶雯　份量 / 1 人份

< 所需食材 >

木鱉果泥 ...10g
白花椰菜 ...50g
百香果 ...1 顆
地瓜 ...20g
綜合堅果 ... 適量
海帶芽 ...2 片
蛋白粉 ...10g

< 準備作業 >

❶ 白花椰菜切末煮熟。
❷ 木鱉果要先挖籽取出假種皮，打成泥後煮熟。
❸ 綜合堅果泡水軟化。
❹ 地瓜蒸熟。
❺ 百香果將果肉籽挖出。

< 作法 >

❶ 將所有食材放入調理機中，加入約 300ml 水量，打勻即可（依喜好調整濃稠度）。

Check!

鄭姐食話說

我的創舉了，地表最強的類胡蘿蔔素，滿滿茄紅素營養，我只想滿滿貪心的全喝下肚，每 2 日來 1 杯，眼睛亮、氣色佳、還瘦身！木鱉果太強啦！

No.62

黑蒜拿鐵飲

酮學 / 鄭慶雯　份量 / 1 人份

< 所需食材 >

白花椰菜 ...50g
黑蒜 ...1 顆
生鮮黑木耳 ...20g
無花果乾 ... 數顆
綜合堅果 ... 數顆
海帶芽 ...1 片
蛋白粉 ...10g

< 準備作業 >

❶ 白花椰菜洗淨煮熟。
❷ 黑木耳洗淨煮熟煮軟。
❸ 綜合堅果及無花果泡水軟化。

< 作法 >

❶ 將所有食材放入調理機中，加入約 300ml 水量，打勻即可。

Check!

鄭姐食話說

好營養的黑嚕嚕，黑蒜有多營養，多好吃，你們知道嗎？
酸甜軟嫩，好像吃軟軟糖一樣，為了想吃黑蒜的無敵營養，特別研發了這道黑蒜拿鐵，保腸健胃顧健康啦！

No.63

白花椰鹹豆漿

醐學 / 鄭慶雯　份量 / 1 人份

< 所需食材 >

白花椰菜 ...50g
無糖豆漿 ...300c.c.（市售）
蝦米 ... 適量
蔥 ... 適量
泡菜 ... 適量
豆包 ... 適量
蘿蔔乾 ... 適量
堅果 ... 適量

< 調味料 >

橄欖油 ...2 小匙
無糖醬油 ...1 小匙
調味料醬：
烏醋 ...1 小匙
味增醬 ...1/2 小匙
（調勻碗內備用）

< 準備作業 >

❶ 白花椰菜洗淨切碎，以電鍋蒸熟備用（或水煮熟也可）。
❷ 蔥、泡菜切碎末。
❸ 豆包油煎好切末。
❹ 蘿蔔乾切末。

< 作法 >

❶ 備鍋入橄欖油炒香蘿蔔乾、蝦米備用。
❷ 備湯鍋入豆漿和白花椰菜煮開，再以調理機打勻成漿湯。
❸ 碗底鋪上調味料醬和蘿蔔乾、蝦米，花椰豆漿趁熱沖入碗內，再撒上蔥花、泡菜、豆包丁、堅果即可食用。

Check!

鄭姐食話說

一碗鹹豆漿的飽，不需要包子和油條改良版鹹豆漿，以白花椰作湯底，就要濃稠飽足感，且不違和的湯底與配料，簡直提開了鹹豆漿的口感層次與風味，因為我添加了泡菜酸辣美味，保證你會一再續碗喔！

No.64

白花椰芝麻糊

醐學 / 鄭慶雯　份量 / 1 人份

＜所需食材＞

白花椰菜 ...30g
黑芝麻 ...50g
紅藜 ...10g
綜合堅果 ... 酌量
黑棗 ...1顆（加州梅亦可）
水 ...300c.c.

＜準備作業＞

❶ 白花椰菜洗淨切碎。
❷ 紅藜泡水 1 小時再和白花椰菜一起煮熟。
❸ 黑棗去籽泡水。
❹ 堅果泡水軟化。

＜作法＞

❶ 將以上處理好的食材，全部以調理機（果汁機）打勻即可。

Check!

鄭姐食話說

白花椰也能入黑芝麻糊，會很難想像滋味嗎？
白花椰是沒口食味道，百搭地表太多食材，白花椰讓本道飲品，更營養無敵，平衡了黑芝麻的一點點燥性，剛好的暖，身體很買單。

No.65

白花椰堅果糊

醐學／鄭慶雯　份量／1 人份

< 所需食材 >

白花椰菜 ...30g
綜合堅果 ...50g
紅藜 ...10g
紅棗 ...1 顆
水 ...300c.c.
椰糖或黑糖 ... 少許

< 準備作業 >

❶ 白花椰菜洗淨切碎。
❷ 紅藜泡水 1 小時再和白花椰菜一起煮熟。
❸ 紅棗去籽泡水。
❹ 堅果泡水軟化。

< 作法 >

❶ 將以上處理好的食材，全部以調理機（果汁機）打勻即可。

Check!

鄭姐食話說

白花椰堅果糊的創意，主旨是要給老人與小孩食用，牙口不好，營養吸收不易，這道飲品加分極大，又能飽足。我真心推薦給小小孩與老人家食用。當然，你若有剛好在植牙是最營養的流質食物喔！

Q&A

一、減醣 433 餐盤配置上有遇到什麼問題？

Q1 減醣 433 餐盤配置上蔬菜的份量除了吃到飽外，是否有要求最少的基本量？
一定要綠色蔬菜嗎？

A1 蔬菜量與蛋白質比例至少 1:1 或達 1.5 倍以上。建議以綠色蔬菜為主，含有豐富的葉酸及鉀元素，同時綠色蔬菜也是鈣元素的很好來源，這類蔬菜還含有豐富的維生素 C、類胡蘿蔔素、鐵和硒等微量元素。

Q2 減醣 433 餐盤配置上，比例是要依食物在餐盤上的比例，還是要依食物熱量的佔比呢？

A2 減醣 433 餐盤最方便的就是不花過多的時間在計算熱量上，而是以食物在餐盤上的比例來配置。不過雖然是不計算熱量，但是還是要注意所選擇的食物，避免料理上的煎炸，以免攝取過多熱量。

Q3 減醣 433 餐盤的配置中，油脂佔比要 30%，是指料理油嗎？
或是可以怎麼攝取才能達到比例要求？

A3 30%的油脂除了料理中所用的油以外，還包括食材中的原型油脂。這類通常多在動物性的蛋白質裡。而植物性的堅果也屬高量原型油脂。

Q4 不常計算每種食材蛋白質的比例含量，所以覺得很困擾，久而久之就沒認真吃夠蛋白質了！

A4 初期確實需要多熟悉每一種蛋白質的比例含量，久而久之就能得心應手了！也可以運用掌心來粗略計算，一天至少要吃夠三個掌心大小的蛋白質。

Q5 **沒有秤重量時，有時候不是很確定蛋白質到底吃夠還是過多！**

A5 可以利用手掌來簡單計算。女生一個手掌大小、厚度的肉魚蛋豆類大約含有 21 克蛋白質；男生一個手掌大約是 28 克蛋白質。

二、減醣433餐盤搭配168輕斷食有遇到什麼問題？

Q6 **運動時間不定時，該如何以 168 輕斷食時間序，在運動後補充該有的食物營養以達到增肌？**

A6 如果時間的安排上允許，可以將運動安排在第一餐之後的 30 分鐘至 60 分鐘內，通常第一餐的時間會落在上午 11 點左右。接著去運動，然後在運動後 30 分鐘內直接第二餐，同時可以做為運動完的能量補充。

如果運動時間不定時，則要注意運動後 30 分鐘內的黃金補充時間，依運動強度及項目，調整碳水與蛋白質的比例。
輕級運動，補充好足夠礦物質水分。
中級運動，碳水蛋白質比例 1：1
重級運動，碳水蛋白質比例 3：1

Q7 **168 輕斷食睡前吃保健食品如魚油…等，是否會影響斷食？**

A7 熱量極低，這部份是沒有關係的，影響不大。

Q8 **168 輕斷食的時候，有時候不到 16 個小時就餓了…在餐盤上可以搭配什麼讓飽足感延長呢？**

A8 初期的時候，可以在晚餐餐盤的蛋白質上選擇油脂比較高的五花肉，或是在料理上提高油量，例如：炸物，進行油飽訓練，幾天後，身體自然讓飽足感延長，延長 16 小時的飢餓感達陣。

Q9 **168 輕斷食後晚上要吃進大量體積的食物，但常常吃到太撐，所以就沒認真吃足了！**

A9 可以選擇蛋白質含量高的蛋白質，通常都是瘦肉的蛋白質含量比較高，如里肌肉、雞胸肉等。也可以午晚對調，讓午餐的減醣吃蛋白質達陣滿載，晚餐少量些。

Q10 **平常減醣 433 餐盤搭配 168 輕斷食沒問題，但遇到放假日要陪老公、孩子吃飯，就會打破 168，怎麼辦呢？**

A10 過得是生活，吃得是自制。放假日的聚餐社交，難免會無法照著減醣 433 的 168 輕斷食時間序，其實就開心聚餐吧！但可以把握以下原則：

第一食仍以防彈咖啡先平穩血糖，接下來的第二餐聚餐時的進食順序仍以蛋白質和油脂為領頭羊，吃多些，澱粉酌量為要。

依照原來三餐的用餐時間，只要在吃食的選擇上依然遵照**減醣 433 餐盤**原則即可。

若食物的選擇上實在高碳水食材多，那就吃吧！當然，澱粉少些肯定好。

Q11 168 輕斷食時會過了 16 小時還無法吃第一餐，18～20 小時要用餐時會不知如何吃，及第二、三餐時如何搭配吃食？

A11 168 輕斷食是一個時間序的安排，用意在利用身體的肝醣，也可以 186 或是 204，這樣在 6 小時或是 4 小時的時間內無法吃到三餐，可以安排二餐或是一餐即可。

切記，感受自身能量點為要，避免有低血糖情況（頭暈、心悸、手抖）發生。

三、執行減醣 433 計畫時有遇到什麼問題？

Q12 減醣 433 計畫可以是吃三餐的模式嗎？一定得搭配斷食嗎？若是不搭配會有什麼影響？

A12 減醣 433 計畫是很彈性的，可以置入在三餐的時間序，也可以融入 168 輕斷食時間序，能夠依照每個人的工作型態及生活作息去作調整，只要遵守減醣 433 餐盤飲食法原則即可。融入 168 輕斷食手段在計畫中，是可以讓身體有更多的時間利用儲存在體內的肝醣，創造熱量赤字窗口，如不搭配 168 輕斷食，去化身體過多熱量這事兒就速度緩慢許多。

Q13 遇到臨時加班必須外食，外包便當有時會有葉菜攝取量不夠或太鹹，怎麼辦呢？

A13 外食太鹹的話可以先過個水，去掉多餘的油及鹽。建議下一餐或是隔日的蔬菜量要盡量多補充些，以促進身體的新陳代謝保持穩定。

Q14 52 斷的開心日可以隨心吃食嗎？
蛋白質、碳水、油脂比重要以那種為首要呢？

A14 52 斷是開心日也是欺騙日。當我們把減重時間拉長，不斷地在創造熱量赤字，此時身體會擔心營養及能量不足，於是就讓我們體重下降的速度不要那麼快。這個時候運用欺騙日告訴身體，熱量夠喔！不要擔心！它就會讓體重繼續往下掉。

所以在 52 斷的時候，只是多增加一點熱量，而不是完全爆碳無法控制。在這一天可以多增加優質碳水的比例，比如說水果。切記，碳水增加，油脂就要減量喔！

減醣 433 飲食法 / 52 斷注意事項

- 當餐若碳水當主人，請切記油量降，高碳高油胖到翻
- 水果於餐盤後吃，切記油脂蛋白質後吃水果，最不動盪血糖
- 想吃餃子的，請酌量麵粉皮，只能 5 顆帶皮兒吃，其他脱餃皮吃
- 想吃烘焙糕點或甜湯的，請減當餐的碳水量，並於餐後隨即吃。份量請一半！

Q15 經期來的時候也可以執行計畫嗎？
還是需要如何調整呢？

A15 經期的時候還是可以執行計畫的！可以在減醣 433 餐盤時，蛋白質以多補充紅肉、鐵質營養較高的食物為要。另外，在晚餐後可以喝一杯熱熱的黑糖水，幫助子宮排毒。

Q16 減醣 433 計畫，早餐大多會喝防彈咖啡搭配減醣纖餅，下午偶爾喝綠拿鐵當一餐，晚餐才吃到東西，長期下來是否會降低基代或營養不足而掉髮？

A16 第一餐以防彈咖啡搭配減醣纖餅，是為了要在一天的開始就穩住血糖，血糖平穩了，就不會因為血糖快速下降的時候亂抓東西來吃。建議第二餐的綠拿鐵提高蛋白質量和油脂量，比如說蛋白粉和堅果，當日晚餐再把不足的蛋白質補充完整就可以了。

Q17 遇到老公買違規食物跟聚餐時，有時候會沒什麼可以吃的或忍不住，有沒有可以一起吃的方法？

A17 可以在運用 52 斷的開心日時間，和老公、家人、朋友一起快樂吃！儘量選擇可以符合減醣 433 餐盤原則的餐廳，如火鍋、自助餐。或是在點餐的時候選擇有肉有菜的組合，如牛排、沙拉等。

Q18 減醣 433 晚餐餐盤如無法使用足量或是只有外食選擇，有什麼可以補足營養的食物替代？有哪些蔬菜是需要注意要比較少食用的？

A18 大部份的人比較無法吃足量的就是綠色蔬菜，而我們需要蔬菜中的纖維素及礦物質。如果當下無法從原型食物中獲得，可於下一餐或隔日多補充綠色蔬菜。

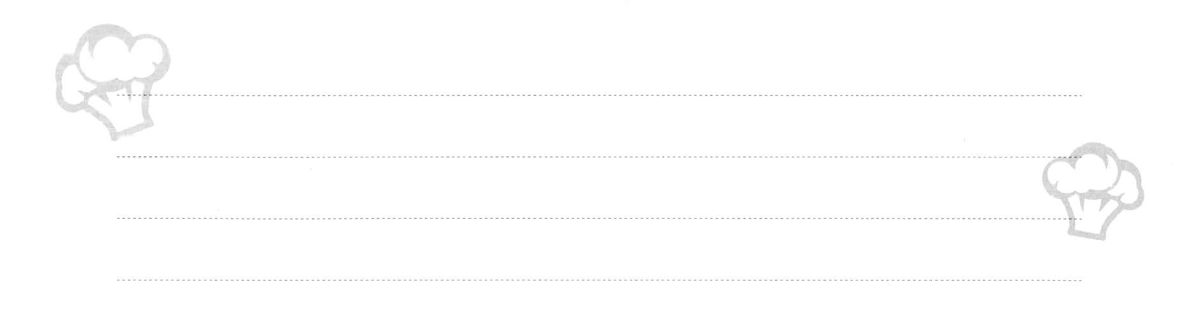

低醣飲食指南：減醣健身433飲食法 / 鄭慶雯與減醣健身教育團隊著 .-- 一版 .-- 新北市：優品文化事業有限公司 ,2021.11,176面；17x23公分 .--（加油讚；2）
ISBN 978-986-5481-00-1（平裝）

1.食譜 2.健康飲食 3.減重

427.1　　110003366

加油讚 2

低醣飲食指南

減醣健身433飲食法

作　　者　鄭慶雯 老師領銜 減醣健身教育團隊
邱珮綺、宋曉萱、吳鈺慈、黃雅停、陳春木、蔡掬朵、簡慧如、羅金梅、鍾佳吟 & 社團酮學（依名字筆劃排序）
總 編 輯　薛永年
美術總監　馬慧琪
文字編輯　董書宜
美術編輯　黃頌哲
攝　　影　王隼人

出 版 者　優品文化事業有限公司
地址：新北市新莊區化成路 293 巷 32 號
電話：(02) 8521-2523 / 傳真：(02) 8521-6206
信箱：8521service@gmail.com（如有任何疑問請聯絡此信箱洽詢）

印　　刷　鴻嘉彩藝印刷股份有限公司

業務副總　林啓瑞 0988-558-575

總 經 銷　大和書報圖書股份有限公司
地址：新北市新莊區五工五路 2 號
電話：(02) 8990-2588 / 傳真：(02) 2299-7900

網路書店　www.books.com.tw 博客來網路書店

出版日期　2021 年 11 月
版　　次　一版一刷
定　　價　350 元

上優好書網

FB 粉絲專頁

LINE 官方帳號

Youtube 頻道